电子技术基础实验

杨 罕 王 晴◎主 编
吴 戈 汪雨冰◎副主编

人民邮电出版社
北京

图书在版编目（CIP）数据

电子技术基础实验 / 杨罕，王晴主编. -- 北京 ：
人民邮电出版社，2023.4
ISBN 978-7-115-60064-6

Ⅰ. ①电… Ⅱ. ①杨… ②王… Ⅲ. ①电子技术－实
验－高等学校－教材 Ⅳ. ①TN-33

中国版本图书馆CIP数据核字(2022)第172163号

内 容 提 要

本书从实际教学需求出发，整理并归纳了电子技术中典型的模拟电路和数字电路实验，难度由浅入深，内容前后衔接，为读者学习电子技术相关知识提供了丰富的实验项目支撑。全书分为电子技术实验基本知识、模拟电子技术实验、数字电子技术实验三篇，共四十个实验项目。每个实验都包含实验目的、实验设备、实验内容和步骤、思考题等部分，供读者实验时参考。本书可帮助读者提高实操能力，构建完整的知识体系，巩固理论知识。

本书适合高等院校电子相关专业学生和教师参考使用，也可供电子技术爱好者自学参考。

◆ 主　编　杨　罕　王　晴
副 主 编　吴　戈　汪雨冰
责任编辑　李　强
责任印制　马振武

◆ 人民邮电出版社出版发行　北京市丰台区成寿寺路 11 号
邮编　100164　电子邮件　315@ptpress.com.cn
网址　https://www.ptpress.com.cn
北京七彩京通数码快印有限公司印刷

◆ 开本：787×1092　1/16
印张：12.5　2023 年 4 月第 1 版
字数：344 千字　2024 年 8 月北京第 4 次印刷

定价：59.80 元

读者服务热线：(010)53913866　印装质量热线：(010)81055316
反盗版热线：(010)81055315
广告经营许可证：京东市监广登字 20170147 号

编委会

主　编： 杨　罕　王　晴

副主编： 吴　戈　汪雨冰

参编人员： 李　波　石景龙　马霁壮

审核人员： 董　玮　李春星　王　睿　张宗达　王　菲　于永江

前言

作为科技发展的前沿学科，电子技术在过去的百年时间里取得了飞速的发展。对学习电子技术的人来说，要想真正掌握这门科学，仅仅学习理论知识是不够的。与电子技术理论课程相辅相成的实验课程不仅能提供实践验证的机会，而且还能够进一步加深读者对理论的理解和认识。

电子技术基础作为高等教育电子类专业的基础课程，其目的是研究构成电子电路的基础单元、电子电路的组成及应用等。本书作为电子技术基础实验课程的配套实验教程，以辅助理论学习为目的，针对电子技术基础课程中所涉及的基础元器件设计电路实验，旨在提升学习者的实践能力。

本书共分三篇，四十个实验项目。本书首先简要地介绍了电子技术基础实验的基本目的、要求和注意事项，为进行过此类实验的学习者提供了解和认识电子技术基础实验的途径。接下来，本书按照国内高等院校的教学惯例，将电子技术基础实验分为模拟电子技术实验和数字电子技术实验，各包含二十个实验项目。从基础的验证性实验到创新设计实验，各个实验项目的设计具有一定的衔接性，针对不同教学进度和目标，教师和学生可以选择相对应的实验项目。本书可作为高等院校电子类专业的相关课程实验教材，也可供电子爱好者自学参考。

通过学习本书，读者既可以掌握电子技术这门课程的主要知识点，又可以在进行实验的过程中掌握基本的电子测量和测试方法，对读者的实验能力能够起到一定的提升作用。

本书由杨罕、王晴主编，吴戈、汪雨冰副主编，在此对所有参与编写、审核工作的教师表示衷心的感谢！

由于我们水平有限，对实验课程的认识还可能存在不足，加之编写时间有限，书中的不足和谬误之处在所难免，殷切希望读者批评指正。

目录

第一篇　电子技术实验基本知识

第二篇　模拟电子技术实验

第三篇　数字电子技术实验

附　录

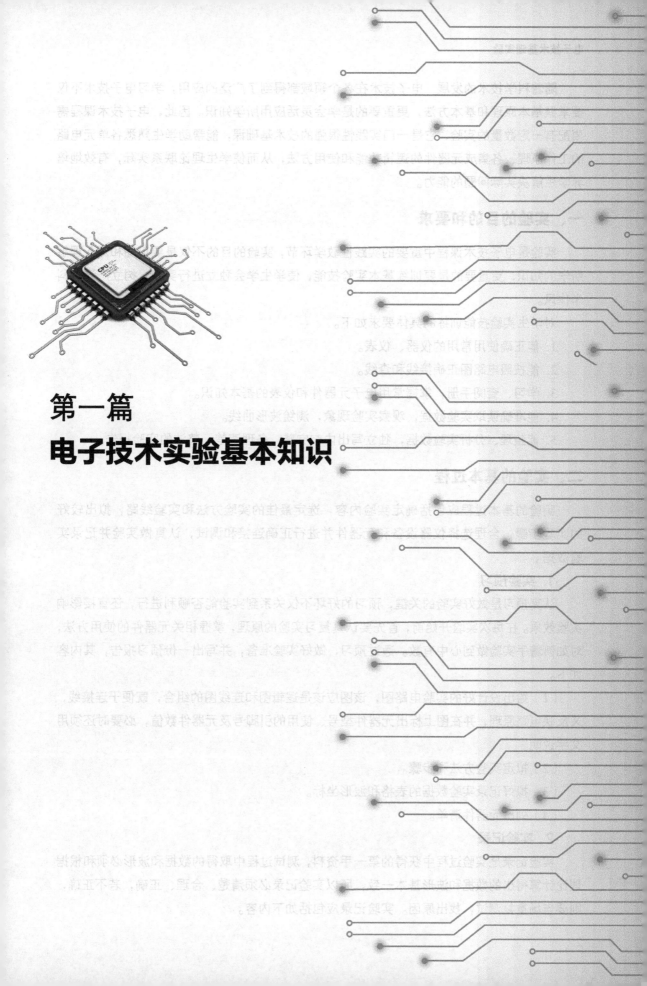

第一篇
电子技术实验基本知识

随着科学技术的发展，电子技术在各个领域都得到了广泛的应用，学习电子技术不仅要掌握基本原理和基本方法，更重要的是学会灵活应用所学知识。因此，电子技术课程需要配有一定数量的实验，它是一门实践性很强的技术基础课，能帮助学生熟悉各单元电路的工作原理、各集成元器件的逻辑功能和使用方法，从而使学生理论联系实际，有效地培养学生解决实际问题的能力。

一、实验的目的和要求

实验是电子技术课程中重要的实践性教学环节，实验的目的不仅是要巩固和深入理解所学的知识，更重要的是要训练基本实验技能，使学生学会独立进行实验，树立严谨的科学作风。

对学生实验技能训练的具体要求如下。

1. 能正确使用常用的仪器、仪表。
2. 能按照电路图正确接线和查线。
3. 学习、查阅手册，掌握常用电子元器件和仪表的基本知识。
4. 能准确读取实验数据，观察实验现象，测绘波形曲线。
5. 能整理、分析实验数据，独立写出内容完整、条理清楚、整洁的实验报告。

二、实验的基本过程

实验的基本过程应包括确定实验内容，选定最佳的实验方法和实验线路，拟出较好的实验步骤，合理选择仪器设备和元器件并进行正确连接和调试，认真做实验并记录实验数据。

1. 实验预习

认真预习是做好实验的关键，预习的好坏不仅关系到实验能否顺利进行，还直接影响实验效果。在每次实验开始前，首先要认真复习实验的原理，掌握相关元器件的使用方法，对如何着手实验做到心中有数。通过预习，做好实验准备，并写出一份预习报告，其内容如下。

（1）绘出设计好的实验电路图，该图应该是逻辑图和连线图的组合，既便于连接线，又反映电路原理，并在图上标出元器件型号、使用的引脚号及元器件数值，必要时还须用文字说明。

（2）拟定实验方法和步骤。

（3）拟好记录实验数据的表格和波形坐标。

（4）列出元器件清单。

2. 实验记录

实验记录是实验过程中获得的第一手资料，测试过程中取得的数据和波形必须和根据理论计算得出的数据和波形基本一致，所以实验记录必须清楚、合理、正确，若不正确，则要当场重复测试，找出原因。实验记录应包括如下内容。

（1）实验任务、名称及内容。

（2）实验数据、波形及实验中出现的现象，从实验记录中应能初步判断实验是否正确。

（3）记录波形时，应注意输入、输出波形的时间和相位的关系，在坐标系中数据应上下对齐。

（4）记录实验中实际使用的仪器型号和编号及元器件使用情况。

3. 实验报告

实验报告是培养学生科学实验的总结能力和分析能力的有效手段，撰写实验报告也是学生的一项重要基本功。它能很好地验证实验结果，巩固学生学习成效，加深学生对基本理论的认识和理解，从而进一步扩大学生的知识面。

实验报告是一份技术总结，要求文字简洁，内容清楚，图表工整。报告的内容应包括实验目的、实验内容、实验结果、实验使用仪器和元器件，以及分析讨论等，其中实验内容和结果是报告的主要部分，应包括实际完成的全部实验，并且要按实验任务逐个书写。

每个实验任务应有如下内容。

（1）实验课题的方框图、逻辑图（或测试电路）、状态图、真值表，以及文字说明等，对于设计性课题，还应有整个设计过程和关键的设计思路说明。

（2）实验记录和经过整理的数据、表格、曲线和波形图，其中表格、曲线和波形图应充分利用专用实验报告简易坐标格，并用三角板、曲线板等工具描绘，力求画得准确，不得随手画出。

（3）实验结果分析、讨论及结论。对讨论的范围没有严格要求，一般应对重要的实验现象加以讨论并得出结论。此外，对实验中的异常现象，在实验报告中可以做简要说明，也可以谈谈实验过程中的收获和心得体会。

三、实验操作规范和常见故障检查方法

1. 实验操作规范

实验中操作的正确与否对实验结果影响非常大。因此，实验者需要注意按以下规程进行。

（1）搭接实验电路前，应对仪器设备进行必要的检查校准，对所用电路元器件进行功能测试。

（2）搭接电路时，应遵循正确的布线原则和操作步骤（实验前先接线，后通电；做实验后先断电，再拆线）。

（3）掌握科学的调试方法，有效地分析并检查故障，以确保电路工作稳定、可靠。

（4）仔细观察实验现象，完整准确地记录实验数据并将其与理论值进行比较、分析。

（5）实验完毕，经指导教师同意后，可关断电源、拆除连线，整理实验设备并将其放在实验箱内，将实验台清理干净、保持整洁。

2. 布线原则

布线原则和故障检查是实验操作的重要实验过程。

在电路实验中，由布线错误引起的故障在所有故障分类中占很大比例。布线错误不仅会引起电路故障，严重时甚至会损坏元器件，因此，布线的合理性和科学性是十分必要的，正确的布线原则有以下 5 点。

（1）导线粗细应适当，一般选取直径为 0.6～0.8mm 的单股导线，最好采用各种色线以区别不同用途，如电源线用红色线，地线用黑色线。

（2）应有秩序地进行布线，随意布线容易造成漏接、错接，较好的布线方法是先接好固定电平点处的电路线，如电源线、地线等，其次，再按信号源的顺序从输入到输出依次布线。

（3）应避免连线过长，避免其从元器件上方跨接，避免过多的连线重叠交错，以利于布线、更换元器件，以及故障检查和排除。

（4）当实验电路的规模较大时，应保证元器件的合理布局，以便得到最佳布线，布线时就对单个元器件进行功能测试。这是一种良好的实验习惯，实际上这样做并不会增加布线工作量。

（5）应当指出，布线和调试工作是不能截然分开的，往往需要交替进行，对于元器件很多的大型实验，可将总电路按照功能划分为若干相对独立的部分，首先逐个布线、调试（分调），然后将各部分连接起来（联调）。

3. 故障检查

实验中，如果电路不能完成预定的逻辑功能，就称电路有故障，产生故障的原因大致可以归纳以下 4 个方面。

（1）操作不当（如布线错误等）。

（2）设计不当（如电路出现险象等）。

（3）元器件使用不当或功能不正常。

（4）仪器（主要指电路实验箱）和元器件本身出现故障。

因此，上述 4 点应作为检查故障的主要线索，以下介绍 6 种常见的故障检查方法。

（1）查线法

在实验中大部分故障是由布线错误引起的，因此，在故障发生时，复查电路连线为排除故障的有效方法。应着重注意：有无漏线、错线，导线与插孔接触是否可靠等。

（2）观察法

用万用表直接测量电源端、输出端。观察电源端是否有电源电压，输入信号是否接入实验电路，输出端有无反应。重复测试电路，观察故障现象，然后用万用表对某一故障部分测试输入/输出端的电压，从而判断故障是否是由元器件、连接线等造成的。

（3）信号注入法

在电路的每一级输入端加上特定信号，观察该级的输出信号，从而确定该级是否有故障，必要时可以切断该级周围连线，避免相互影响。

（4）信号寻迹法

在电路的输入端加上特定信号，按照信号流向逐线检查信号响应与否，必要时可多次输入不同信号进行测试。

（5）替换法

对于多输入端元器件，如其有多余端则可调换不同的输入端测试。必要时可更换元器件，以检查由元器件功能不正常引起的故障。

（6）断开反馈检查法

对于含有反馈的闭合电路，应该设法断开反馈对其进行检查，或进行状态预置后再次对其进行检查。

需要强调指出，经验对检查电路故障是大有帮助的，但只要充分预习，掌握基本理论和实验原理，使用逻辑思维，就不难判断和排除故障。

四、实验规则

1. 严禁带电接线、拆线或改接线路。

2. 接线完毕后，要认真复查，确信无误后，经指导教师检查同意，方可接通电源进行实验。

3. 实验时应注意观察，若发现有破坏性异常现象（如有元器件冒烟、发烫或有异味等）应立即关断电源，保持现场，报告指导教师。查找故障原因并排除，经指导教师同意再继续进行实验。

4. 不准随意搬动、调换室内仪器设备，非本次实验所用的仪器设备，未经指导教师允许不得使用。在了解仪表、仪器及设备的使用方法前，不得贸然使用。若损坏仪器设备，必须立即报告指导教师，做出书面检查，若出现责任事故要酌情赔偿。

5. 实验完毕后，先由本人检查实验数据是否符合要求，然后再请指导教师检查，经教师认可后方可拆线，并将实验器材整理好。

6. 对待实验要严肃认真，保持安静、整洁的实验环境。

五、注意事项

1. 接线时，电流表应串联在电路中，电压表应并联在被测元器件上。

2. 合理选择仪表量程，勿使仪表超出量程。

3. 信号源的输出应由小至大，逐渐增大，实验结束后，信号源的输出应该归于零位。

4. 稳压源的输出端不允许短路。

5. 注意测量仪表的选择。

6. 使用自锁紧插头，严禁用力拉线。拆线时，应用手捏紧接线端并轻微向上旋转后用力拔起，以防线被拉断。

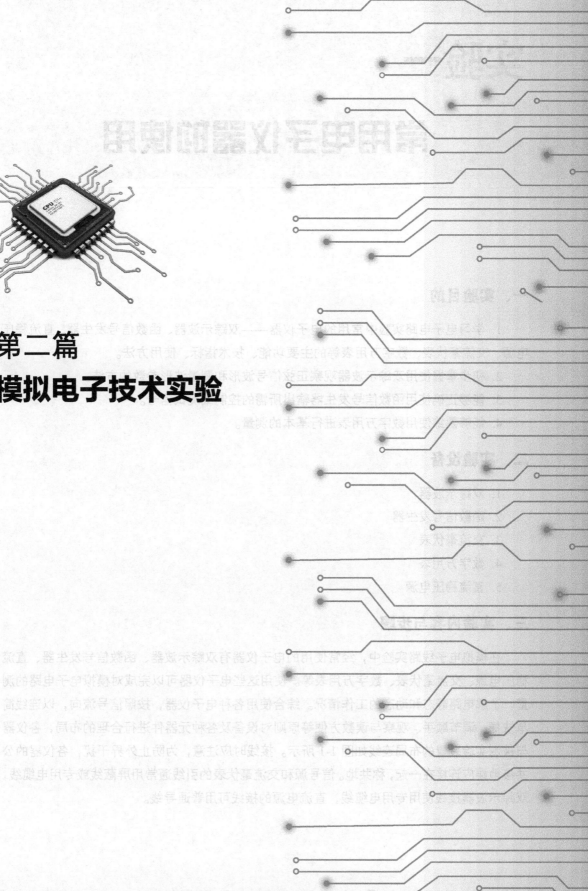

第二篇
模拟电子技术实验

实验一

常用电子仪器的使用

一、实验目的

1. 学习电子电路实验中常用的电子仪器——双踪示波器、函数信号发生器、直流稳压电源、交流毫伏表、数字万用表等的主要功能、技术指标、使用方法。

2. 初步掌握使用双踪示波器观察正弦信号波形和测量波形参数的方法。

3. 能够正确使用函数信号发生器输出所需的控制或测试信号。

4. 能够熟练使用数字万用表进行基本的测量。

二、实验设备

1. 双踪示波器
2. 函数信号发生器
3. 交流毫伏表
4. 数字万用表
5. 直流稳压电源

三、实验内容与步骤

在模拟电子线路实验中，经常使用的电子仪器有双踪示波器、函数信号发生器、直流稳压电源、交流毫伏表、数字万用表等。使用这些电子仪器可以完成对模拟电子电路的测量，了解电路静态和动态的工作情况。综合使用各种电子仪器，按照信号流向，以连线简单快捷、调节顺手、观察与读数方便等原则对设备及各种元器件进行合理的布局，各仪器与被测实验装置的布局连线如图 1-1 所示。接线时应注意，为防止外界干扰，各仪器的公共接地端应连接在一起，称共地。信号源和交流毫伏表的引线通常用屏蔽线或专用电缆线，双踪示波器接线使用专用电缆线，直流电源的接线可用普通导线。

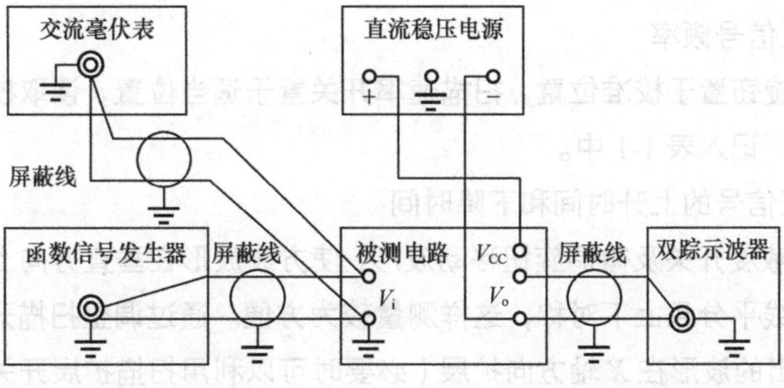

图 1-1 模拟电子线路中常用的电子仪器与被测实验装置布局连线图

1. 数字万用表

参照附录中有关数字万用表的使用说明，测量模拟电路实验箱上的电阻、电容等数值，并将其与实验板上的标称值进行比较。注意，在使用数字万用表测量电路中的元器件参数时，应首先将被测元器件与所在电路断开，再进行测量。

2. 双踪示波器

（1）用机内校正信号对双踪示波器进行自检操作

1）扫描基线调节

将双踪示波器的显示方式开关置于单踪显示状态（Y_1 或 Y_2），输入耦合方式开关置于GND 挡位，触发方式开关置于自动挡位。开启电源开关后，调节辉度、聚焦和辅助聚焦等旋钮，使荧光屏上显示出一条较细而且亮度适中的扫描基线。然后调节 X 轴位移和 Y 轴位移旋钮，使扫描基线位于显示屏中央，并且其能上下、左右移动自如。如果扫描基线不处于水平状态，可以调节双踪示波器的 TRACE ROTATION 旋钮。

2）测量校正信号波形的幅度、频率

将双踪示波器的校正信号通过专用电缆引入选定的 Y 通道（Y_1 或 Y_2），将 Y 轴输入耦合方式开关置于 AC 或 DC 挡位，触发源选择开关置于内部触发挡位，内触发源选择开关置于 Y_1 或 Y_2 挡位。调节 X 轴扫描速率（TIME/DIV）开关和 Y 轴输入灵敏度（VOLTS/DIV）开关，使双踪示波器显示屏上显示一个或数个周期稳定的方波波形。

① 测量校正信号幅度

将 Y 轴灵敏度微调旋钮置于校准位置，Y 轴灵敏度开关置于适当位置，读取校正信号测量值，记入表 1-1 中。

表 1-1 校正信号测量值

参数	标准值	实测值
幅度（Vp-p）		
频率 f（kHz）		
上升时间（μs）		
下降时间（μs）		

注：不同型号的双踪示波器所产生的校正信号的参数有所不同，请对照所使用双踪示波器的规格，将标准值填入表中。

② 测量校正信号频率

将扫描微调旋钮置于校准位置，扫描速率开关置于适当位置，读取校正信号的周期并计算信号的频率，记入表 1-1 中。

③ 测量校正信号的上升时间和下降时间

调节 Y 轴灵敏度开关及微调旋钮移动波形，使方波波形在垂直方向上正好被双踪示波器显示屏中心轴线平分且上下对称，这样测量较为方便。通过调整扫描开关，逐级提高扫描速度，使显示出的波形在 X 轴方向扩展（必要时可以利用扫描扩展开关将波形在水平方向上进一步扩展 10 倍），并同时调节触发电平旋钮，使得波形稳定、清晰地显示在显示屏上。从显示屏上读出校正信号的上升时间和下降时间，并记入表 1-1 中。

（2）用双踪示波器和交流毫伏表测量信号参数

调节函数信号发生器的相关旋钮，使信号发生器输出频率分别为 100Hz、1kHz、10kHz、100kHz，有效值均为 1V（交流毫伏表测量值）的正弦波信号。

改变双踪示波器扫描速度开关及 Y 轴灵敏度等开关，测量信号源输出信号的电压、频率及峰峰值等参数，并记入表 1-2 中。

表 1-2　信号源输出信号的参数测量

信号频率（Hz）	双踪示波器测量值		信号电压	双踪示波器测量值	
	周期（ms）	频率（Hz）	毫伏表读数（V）	峰峰值（V）	有效值（V）
100			1		
1k			1		
10k			1		
100k			1		

（3）测量两波形之间的相位差

1）观察双踪示波器波形显示中“交替”与“断续”两种显示方式的特点

双踪示波器的信号输入端 Y_1、Y_2 均不加输入信号，输入耦合开关置于 GND 位置，将扫描开关分别置于扫描速度较低挡位（如 0.5s/DIV 挡）和扫描速度较高挡位（如 5μs/DIV 挡），把显示方式开关分别置于“交替”和“断续”位置，观察两条扫描基线的显示特点，并把数据记录在实验报告中。

2）用双踪示波器测量两波形之间的相位差

① 按图 1-2 所示连接实验电路，调节函数信号发生器的相关旋钮，使得其输出一个具有频率为 1kHz，幅值为 2V，波形为正弦波特性的信号，该信号经 RC 移相网络，可获得频率相同但相位不同的两路信号 V_I 和 V_R，分别送至双踪示波器的 Y_1 和 Y_2 输入端。

注意，为便于稳定波形显示效果、比较两波形相位差，应使双踪示波器的内触发信号源取自被设定作为测量基准的一路信号（如 V_I）。

② 将双踪示波器上的显示方式开关置于交替挡位，并将 Y_1 和 Y_2 输入端耦合方式置于 GND 挡位。此时调节 Y_1 和 Y_2 的移位旋钮，使两个通道的扫描基线重合。

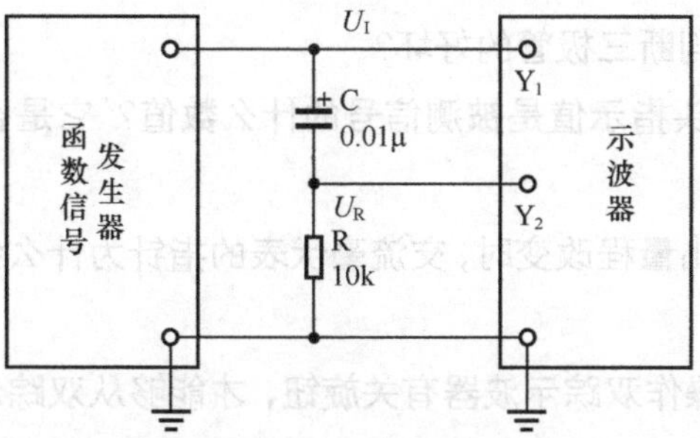

图 1-2　两波形相位差测量电路

③ 将 Y_1 和 Y_2 输入耦合方式开关置于 AC 挡位，调节触发电平、扫描开关及 Y_1 和 Y_2 灵敏度开关位置，使得双踪示波器上显示出稳定且易于观察的两个相位不同的正弦波形 U_I 和 U_R，根据两波形上相同位置的点在水平方向上的距离 X、输入信号周期 X_T，则可以求出两波形间的相位差。

$$\theta = \frac{X(\text{DIV})}{X_T(\text{DIV})} \times 360° \tag{1-1}$$

式（1-1）中：X_T 为波形周期所占格数，X 为两个波形在 X 轴方向差距格数。

记录观察到的实验现象，并计算出两波形相位差，填入表 1-3 中。

表 1-3　波形相位差数据

波形一周期所占格数	两波形 X 轴差距格数	相位差	
		实测值	计算值
X_T=	X=	θ=	θ=

注：为了方便读数和计算，可适当调节双踪示波器上的扫描速度开关和微调旋钮，使波形的一个周期占据双踪示波器分划的整数格。

3. 函数信号发生器

参照附录中有关函数信号发生器的使用说明。用函数信号发生器产生任意参数的正弦波信号输出，并用双踪示波器观察该输出信号的波形，将用双踪示波器测量得到的信号频率及幅度等参数与函数信号发生器自身设定及显示的数值进行比较，计算误差并讨论误差产生的原因。

4. 交流毫伏表

参照附录中有关交流毫伏表的使用说明。用函数信号发生器产生任意参数的正弦波，并用双踪示波器观察并计算该输出信号的大小，用交流毫伏表观察该输出信号的大小，并将其与函数信号发生器自身设定显示的数值做比较。思考并讨论三者数值之间的差别，以及产生这种差别的原因。

四、思考题

1. 实验中所使用的函数信号发生器有几种输出波形选项？输出波形的对称度是否可以调节？

2. 函数信号发生器的输出端是否允许短路？为什么？

3. 如何使用万用表判断三极管的好坏?

4. 交流毫伏表的表头指示值是被测信号的什么数值？它是否可以用来测量直流电压的大小?

5. 在接通电源或输出量程改变时，交流毫伏表的指针为什么会抖动？是否有必要等指针稳定下来再读数?

6. 在实验中，如何操作双踪示波器有关旋钮，才能够从双踪示波器显示屏上观察到稳定、清晰的被测信号波形?

7. 如何用万用表判断电路连线的通、断?

8. 在使用交流毫伏表和数字万用表测量电压时，在不知道电压输出范围时应当如何操作才能有效地保护仪器?

9. 数字万用表是一种功能很强大的电子仪器，试举出数字万用表的几种常用的功能。

10. 在使用数字万用表测量电子线路中元器件的电阻时，是否可以带电测量？试用欧姆表的工作原理解释。

五、实验要求

1. 整理实验数据，并进行分析。

2. 总结常用实验仪器的使用方法及其使用过程中的注意事项。

实验二

共射极单级交流放大器（一）

一、实验目的

1. 学习晶体管放大电路静态工作点的测试方法，理解电路元器件参数对静态工作点的影响，掌握调整静态工作点的方法。

2. 进一步熟悉常用电子测量仪器的使用方法。

3. 掌握共射极单级交流放大器（下文简称“放大器”）的动态特性。

二、实验设备

1. 函数信号发生器
2. 双踪示波器
3. 交流毫伏表
4. 数字万用表
5. 模拟电路实验箱

三、实验内容与步骤

1. 组装电路

（1）用数字万用表检查电路板上三极管的好坏和极性、电解电容的好坏和极性。

（2）按图 2-1 所示连接电路。（注意：接线前应先测量+12V 电源的电压值是否为+12V，将实验箱上的电位器 R_p 的阻值调至最大，确认电源断开后再进行接线）

（3）接线完毕后应对照电路图仔细检查，确认无误后再接通电源。

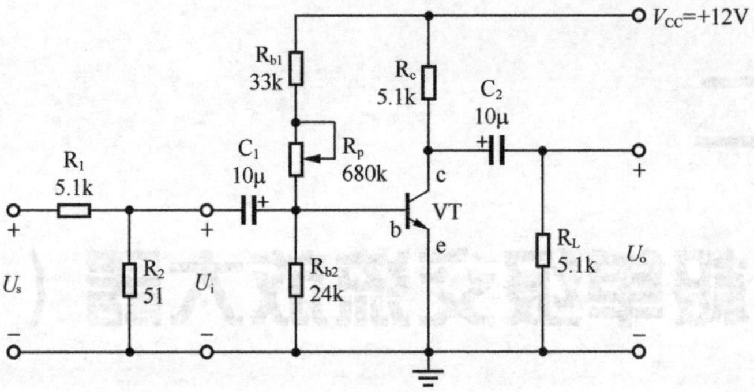

图 2-1　单级交流放大电路

2. 测量并计算静态工作点

（1）调节实验箱上的电位器 R_p，使 U_C=6V。

测量静态工作点 U_C、U_B 和 V_{CC}、U_{b1}（电阻 R_{b1} 两端的电压）的数值，记入表 2-1 中。

（2）按下式计算 I_B、I_C，并记入表 2-1 中。

$$I_B = \frac{U_{b1}}{R_{b1}} - \frac{U_B}{R_{b2}},\quad I_C = \frac{V_{CC} - U_C}{R_C} \tag{2-1}$$

表 2-1　静态工作点的测量和计算

测量值				计算值		
U_C（V）	U_B（V）	V_{CC}（V）	U_{b1}（V）	I_C（mA）	I_B（μA）	β

3. 放大器的动态特性研究

在进行小信号放大实验时，由于信号发生器的干扰及仪器间连接电缆不稳定等原因，电平较小的输入信号在进入放大器前往往就出现噪声或信号不稳定的现象。实验时可以采用在放大电路输入端引入一定衰减的方法，如图 2-1 中 R_1（R_1=5.1kΩ）和 R_2（R_2=51Ω）组成的衰减器。这样可以使较高信号电平的输入信号，经衰减后送入放大器，在放大器前输入信号不易受到外界的干扰。在实验中应尽量缩短实验箱上各连接线的长度，避免电路间各部分相互干扰。

（1）观察输入输出电压信号间的相位关系：调节函数信号发生器，使其产生 f=1kHz，U_s=500mV 的输出信号，并将其接入放大器实验电路的 U_s 两端，同时用交流毫伏表监测衰减器后的输入电压 U_i，调节函数信号发生器幅度旋钮，使输出信号经过 R_1、R_2 的衰减后，得到 U_i 约为 5mV 的小信号。用双踪示波器同时观察 U_s 及 U_o 端的波形，记入表 2-2 中，比较二者的相位关系，在实验中，若非特别指明，所以测量值均为有效值，下同。

表 2-2　衰减器对输入信号的衰减作用

电压	波形	结论
V_s		
V_o		

（2）测量放大器实验电路的电压放大倍数并观察负载电阻对电路放大倍数的影响：保持输入信号参数 f=1kHz、U_i=5mV 及 R_c=5.1kΩ不变，分别将阻值为 R_L=2.2kΩ、R_L=5.1kΩ 的负载电阻接入电路的输出端，用交流毫伏表测量输出电压值，将计算数据计入表 2-3 中，并用双踪示波器观察输入、输出波形，在输出信号不失真情况下计算电压放大倍数：$A_V=U_o/U_i$，将其与理论值进行比较，并观察负载电阻对电路放大倍数的影响。最后，将输出端的负载电阻去掉，保持输出端开路，并重复实验，观察 $R_L=\infty$ 时放大器的输入、输出波形并计算放大器的放大倍数，记入表 2-3 中。

表 2-3　R_L 对放大电路放大倍数的影响

R_L（Ω）	U_i（mV）	U_o（V）	实测计算 A_V	理论计算 A_V
2.2k				
5.1k				
∞				

（3）观察 R_c 的变化对电路放大倍数的影响：保持输入信号参数 f=1kHz、U_i=5mV 及负载电阻 R_L=5.1kΩ不变，调整电路，分别在 R_c=2kΩ及 R_c=5.1kΩ时，测量输出端电压 U_o，将数据记入表 2-4 中并计算电压放大倍数，观察 R_c 的变化对电路放大倍数的影响。

表 2-4　R_c 对放大电路放大倍数的影响

R_c（Ω）	U_i（mV）	U_o（V）	实测计算 A_V	理论计算 A_V
5.1k				
2k				

四、思考题

1. 阅读模拟电子技术教材中有关单级交流放大器的内容，简单描述如何计算放大器静态工作点、电压放大倍数的理论值。

2. 简述图 2-1 中所示的单级交流放大电路中电阻 R_1 和 R_2 的作用。

3. 测试中如果将函数信号发生器或双踪示波器的任一测试端子接线交换（即使各个仪器接地端不接在一起），将出现什么问题？

4. 在组装电路时，为什么需要将电位器 R_p 调节到最大值？如果 R_{b1} 较小，和 R_{b2} 相近，将会带来什么后果？试说明原因。

五、实验要求

1. 整理实验数据并将其填入表中，并按要求进行计算。

2. 总结电路参数变化对静态工作点和电压放大倍数的影响。

实验三

共射极单级交流放大器（二）

一、实验目的

1. 深入理解放大器的工作原理。

2. 学习测量放大器的输入电阻、输出电阻、最大不失真输出电压幅值及幅频特性曲线的方法。

3. 观察电路参数对放大电路性能的影响。

二、实验设备

1. 函数信号发生器
2. 双踪示波器
3. 交流毫伏表
4. 数字万用表
5. 模拟电路实验箱

三、实验内容与步骤

1. 装接电路

按图 3-1 所示接线（注意将 R_p 的阻值调到最大值），接线完毕后对照图 3-1 所示仔细检查，确定无误后接通电源。

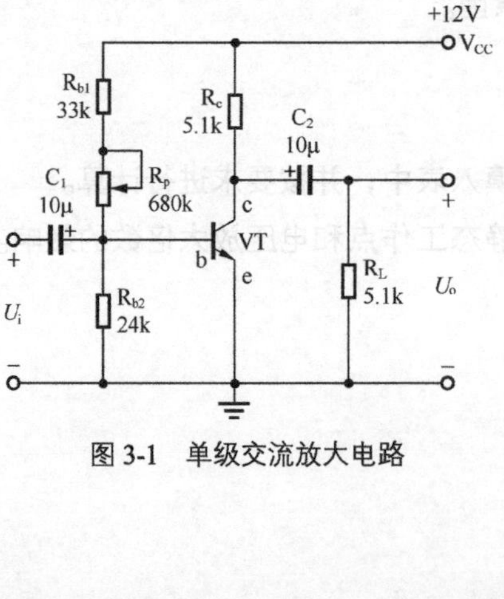

图 3-1　单级交流放大电路

2. 测量并计算静态工作点

（1）调节实验箱上的电位器 R_P（在箱上），使 U_C=6V。

测静态工作点 U_C、U_B 和 V_{cc}、U_{b1}（电阻 R_{b1} 的端电压）的数值，记入表 3-1 中。

（2）按式（3-1）计算 I_B、I_C，并记入表 3-1 中。

$$I_B = \frac{U_{b1}}{R_{b1}} - \frac{U_B}{R_{b2}},\ I_C = \frac{V_{CC} - U_C}{R_C} \tag{3-1}$$

表 3-1　静态工作点的测量值和计算值

测量值				计算值		
U_C(V)	U_B(V)	V_{cc}(V)	U_{b1}(V)	I_C(mA)	I_B(μA)	β

3. 测量输入电阻 R_i、输出电阻 R_o

输入电阻、输出电阻测量电路如图 3-2 所示。

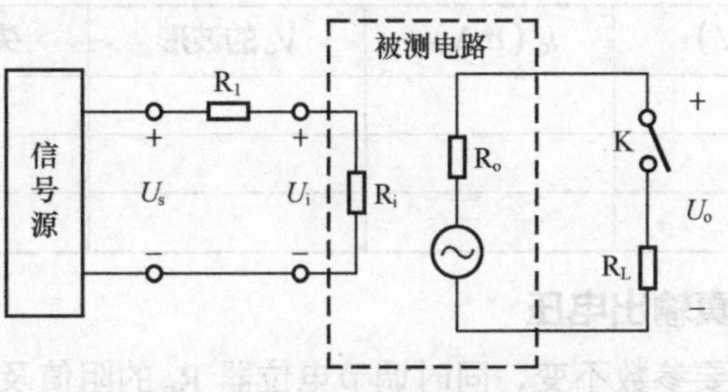

图 3-2　输入电阻、输出电阻测量电路

（1）在信号源和放大器间串联 R_1=5.1kΩ 的电阻，并调节函数信号发生器，使其输出 f=1kHz、V_s=50mV 的正弦波信号。

（2）分别测出电阻 R_1 两端对地的电压值 U_s 及 U_i，并利用式（3-2）计算放大器的输入电阻 R_i。

$$R_i = \frac{U_i \times R_1}{U_s - U_i} \tag{3-2}$$

注意，电阻 R_1 的阻值不宜取得过大或过小，以免产生较大的测量误差，通常取 R_1 与 R_i 为同一数量级为佳，在本实验中，可取 R_1=5.1kΩ。

（3）分别测当负载电阻 R_L 开路时的输出电压 U_o 和接入负载电阻 R_L=5.1kΩ 时的输出电压 U_L，然后按式（3-3）计算输出电阻 R_o。

$$R_o = \left(\frac{U_o}{U_L} - 1\right) \times R_L \tag{3-3}$$

将测量数据及实验结果填入表 3-2 中。

表 3-2　输入、输出电阻测量及计算结果

U_i(mV)	U_i'(mV)	R_i(Ω)	R_i理论值(Ω)	U_∞(V)	U_o(V)	R_o(Ω)	R_o理论值(Ω)

4. 观察静态工作点对放大器输出波形的影响

（1）保持输入信号参数不变，用双踪示波器观察放大器电路正常工作时输出电压 U_o 的波形，并记录下来。

（2）逐渐减小 R_p 值，观察输出电压波形的变化，在输出电压波形出现明显失真时，将该失真的输出信号波形记录下来，并说明该失真的种类。如果调节 R_p 至 0Ω 时，仍不出现失真现象，则可适当增大输入信号 U_i，或者将 R_{b1} 由 100kΩ 改为 10kΩ，直到观察到输出信号呈明显的失真波形。

（3）逐渐增大 R_p 值，观察输出电压波形的变化，在输出电压波形出现明显失真时，将该失真的输出信号波形记录下来，并说明该失真的种类。如果调节 R_p 至 1MΩ 时，仍不出现失真，则可适当增大输入信号 U_i，直到观察到输出信号呈明显的失真波形。

（4）在进行步骤（2）与（3）时，出现失真现象后应测量 U_C 的值并计算出此时 I_C 的大小，记入表 3-3 中。

表 3-3　静态工作点对放大器输出波形的影响

R_p	U_c（V）	I_c（mA）	V_o的波形	失真情况	工作状态
正常					
增大					
减小					

5. 测量最大不失真输出电压

保持放大器电路主要参数不变，同时调节电位器 R_p 的阻值及输入信号 U_i 的幅值，使输出电压达到最大值且波形不失真，测量此时电路的静态工作点及输出电压，并将数据记入表 3-4 中。

表 3-4　放大器的最大不失真输出电压

U_{b1}（V）	U_B（V）	U_C（V）	U_o（V）

四、思考题

1. 当调节电位器 R_p 时，放大器输出波形出现饱和失真及截止失真时，晶体管的管压降 U_{ce} 怎样变化?

2. 改变静态工作点对放大器的输入电阻 R_i 是否有影响? 改变外接电阻 R_L 对输出电阻 R_o 是否有影响?

3. 在测量 A_V、R_i 和 R_o 时怎样选取输入信号的大小和频率? 为什么信号频率一般选 1kHz 而不选 100kHz，或者更高?

4. 在测量共射极单级交流放大电路输入电阻时，本节中曾提到 R_1 的阻值应当和输入电阻为同一数量级，这样做的目的是什么? 试从提高输入电阻测量精度上加以说明。

五、实验要求

1. 总结输入电阻和输出电阻的测试方法。
2. 讨论静态工作点对放大器输出波形的影响。

实验四 射极跟随器

一、实验目的

1. 掌握射极跟随器的特性和特征参数测量方法。
2. 进一步学习放大器各项参数的测试方法。

二、实验设备

1. 函数信号发生器
2. 双踪示波器
3. 交流毫伏表
4. 数字万用表
5. 模拟电路实验箱

三、实验内容与步骤

射极跟随器电路如图 4-1 所示。

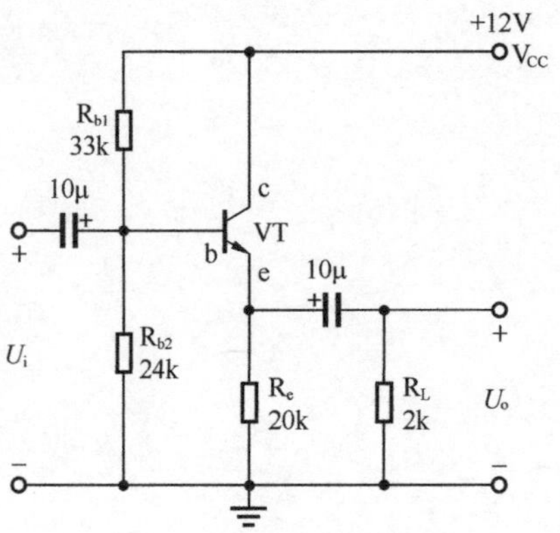

图 4-1　射极跟随器电路

1. 静态工作点的调整

按图 4-1 所示电路接线并检查电路连接。确认无误后，接通实验箱上的+12V 直流电源，用数字万用表测量晶体管各个电极的电压值，将测量的数据记入表 4-1 中，并根据测量值计算 I_B、I_E 和 β 的值。

表 4-1　射极跟随器静态工作点的测量

	U_B（V）	U_C（V）	U_E（V）	I_B（μA）	I_E（mA）	β
实测值						

2. 测量电压放大倍数 A_V

在 U_i 端施加 f=1kHz 的正弦波输入信号，调节信号幅度，使 U_i=200mV（有效值），用双踪示波器观察 U_o 端输出信号的波形，在输出信号波形不失真的情况下，分别用交流毫伏表测量射极跟随器输出端空载 $R_L=\infty$ 及输出端接入负载 R_L=2kΩ 的情形时，输入信号 U_i 和输出信号 U_o 的值，记入表 4-2 中。

表 4-2　射极跟随器的电压放大倍数

R_L（Ω）	U_i（mV）	U_o（mV）	实测计算 $A_V=U_o/U_i$	理论计算 A_V
∞				
2k				

3. 测量输出电阻 R_o

在 U_i 端施加 f=1kHz 的正弦波信号，调节信号幅度，使 U_i=200mV（有效值），用双踪示波器观察输出波形，并测量射极跟随器空载时输出电压 U_o（$R_L=\infty$）和带载时输出端电压 U_L（R_L=2kΩ）记入表 4-3 中。根据 U_o 和 U_L 的实测值及公式（4-1）计算 R_o 并将其与理论值进行比较。

$$R_o=\left(\frac{U_o}{U_L}-1\right)\times R_L \tag{4-1}$$

表 4-3　射极跟随器的输出电阻

U_o（mV）	U_L（mV）	通过实测值计算出的 R_o	通过理论值计算出的 R_o

4. 测量输入电阻 R_i

在输出端接入 R_L=2kΩ 负载电阻的条件下，在函数信号发生器与射极跟随器电路的输入端串联接入一个 5.1kΩ 的电阻 R_1，如图 4-2 所示。调节信号发生器，使输出电压 U_s=200mV，假设射极跟随器电路的输入电压为 U_i，用双踪示波器观察输出波形，用交流毫伏表分别测量 U_s、U_i 的值，记入表 4-4 中。则有：

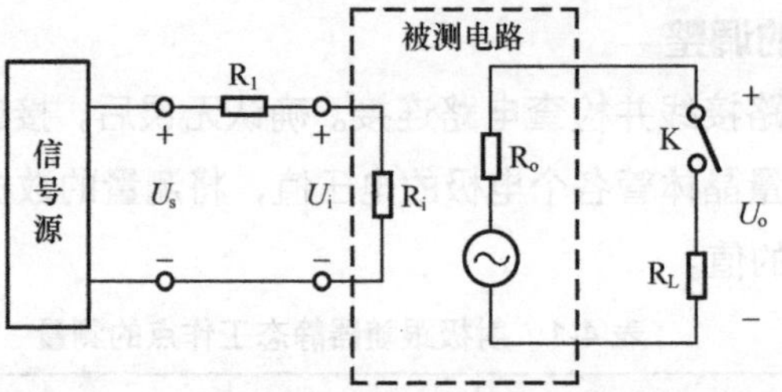

图 4-2　输入电阻、输出电阻测量电路

根据 U_s 和 U_i 的实测值及公式（4-2）计算 R_i，并将其与理论进行比较。

$$R_i = \frac{U_i \times R_1}{U_s - U_i} \tag{4-2}$$

表 4-4　射极跟随器的输入电阻

U_s（mV）	U_i（mV）	通过实测值计算的 R_i	通过理论值计算的 R_i

5. 测量射极跟随器的跟随特性并测量输出电压峰峰值 U_{OPP}

首先去掉串联在输入端上的阻值为 5.1kΩ 的电阻 R1，并在输出端接入 R_L=2kΩ 的负载电阻。然后在 U_i 端输入 f=1kHz 的正弦信号，通过调节信号发生器，逐渐增大输入信号 U_i 的幅度，并用双踪示波器监视输出端，测量对应的 U_i 及 U_L 值，计算 A_V，并用双踪示波器测量输出电压的峰峰值 U_{OPP}，将其与交流毫伏表测得的对应输出电压的有效值比较。将所测的数据填入表 4-5 中。

表 4-5　射极跟随器的跟随特性

测量与计算的值	U_i=100mV	U_i=200mV	U_i=300mV	U_i=400mV
U_i（实测）				
U_L				
U_{OPP}				
A_V				

四、思考题

1. 分析射极跟随器的性能和特点。
2. 将实验结果与理论值比较，分析误差产生的原因。

五、实验要求

1. 绘出实验原理电路图，标明所用的元器件参数。
2. 整理实验数据并说明实验中出现的各种现象，得出有关的结论，画出必要的波形曲线。

实验五

两级放大电路

一、实验目的

1. 掌握如何合理设置静态工作点。
2. 学会放大器频率特性测试方法。
3. 了解放大器的失真及消除方法。

二、实验设备

1. 函数信号发生器
2. 双踪示波器
3. 交流毫伏表
4. 模拟电路实验箱

三、实验内容与步骤

两级放大电路如图 5-1 所示。

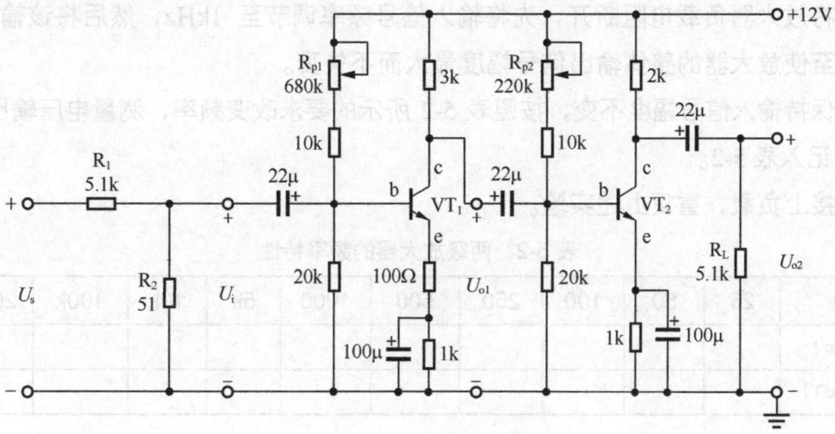

图 5-1　两级放大电路

1. 设置静态工作点

按照图 5-1 所示连接实验电路，在确认连接无误后，接通电源。注意在本实验中，元器件间的接线应尽可能短，以免引起电路自激振荡。用万用表红表笔分别探接三极管 VT_1、VT_2 的发射极，黑表笔接地，调节电位器 R_{P1}、R_{P2} 使 $U_{ce1}=U_{ce2}=6V$。

接下来进行放大器电路的静态工作点的设定。为了实现良好的放大器性能，要求放大器的第二级在输出波形不失真的前提下，放大倍数尽可能大。第一级用于优化信噪比，其静态工作点应尽可能低。

首先在电路的输入端 U_s 施加一个 f=1kHz、U_i=1mV 的正弦波信号。然后再调整两级放大器的静态工作点使输出信号不失真。

在这里需要特别注意的是，如发现电路产生寄生振荡，可采用以下措施消除。

（1）重新布线，尽可能用较短的连接线来连接电路。

（2）可在三极管基极和集电极间加几十皮法到几百皮法的电容。

（3）信号源与放大器用屏蔽线连接。

2. 测量静态工作点及电压放大倍数

按表 5-1 要求测量静态工作点对应的电压值并计算电压放大倍数，注意测量静态工作点时应断开电路的输入信号。

表 5-1　放大器的静态工作点测量并计算电压放大倍数

R_L(Ω)	静态工作点						输入电压和输出电压（mV）			电压放大倍数		
	第一级（V）			第二级（V）						第一级	第二级	整体
1.5k	U_{C1}	U_{B1}	U_{E1}	U_{C2}	U_{B2}	U_{E2}	U_i	U_{o1}	U_{o2}	A_{V1}	A_{V2}	A_V
3k							1					
∞							1					

将 R_L 改为 3kΩ，按表 5-1 所示再次进行测量并计算，比较实验内容 2、3 的结果。

3. 测量两级放大器的频率特性

（1）将放大器负载电阻断开，先将输入信号频率调节至 1kHz，然后将该输入信号的幅度调节至使放大器的整体输出信号幅度最大而不失真。

（2）保持输入信号幅度不变，按照表 5-2 所示的要求改变频率，测量电压输出值 U_o 并计算 A_v，记入表 5-2。

（3）接上负载，重复上述实验。

表 5-2　两级放大器的频率特性

f(Hz)	25	50	100	250	500	1000	5k	10k	100k	200k/500k
A_V（$R_L=\infty$）										
A_V（$R_L=3k\Omega$）										

四、思考题

1. 两级（阻容耦合）放大电路有何特点？

2. 画出图 5-1 所示电路的直流、交流通路，并从理论上分析并计算两级放大电路的电压放大倍数、输入电阻及输出电阻。

3. 该实验电路引入了多种负反馈，它们分别属于直流负反馈还是交流负反馈？引入以后对放大电路性能的提高有何作用？

五、实验要求

1. 整理实验数据，分析实验结果。

2. 根据实验数据计算两级放大器的电压放大倍数，说明电路整体电压放大倍数与各级放大倍数的关系及负载电阻对放大倍数的影响。

3. 画出实验电路的幅频特性简图，标出 f_H 和 f_L。

实验六

负反馈放大电路

一、实验目的

深入理解放大电路中引入负反馈的方法和负反馈对放大器各项性能指标的影响。

二、实验设备

1. 函数信号发生器
2. 双踪示波器
3. 交流毫伏表
4. 数字万用表
5. 模拟电路实验箱

三、实验内容与步骤

负反馈放大电路如图 6-1 所示。

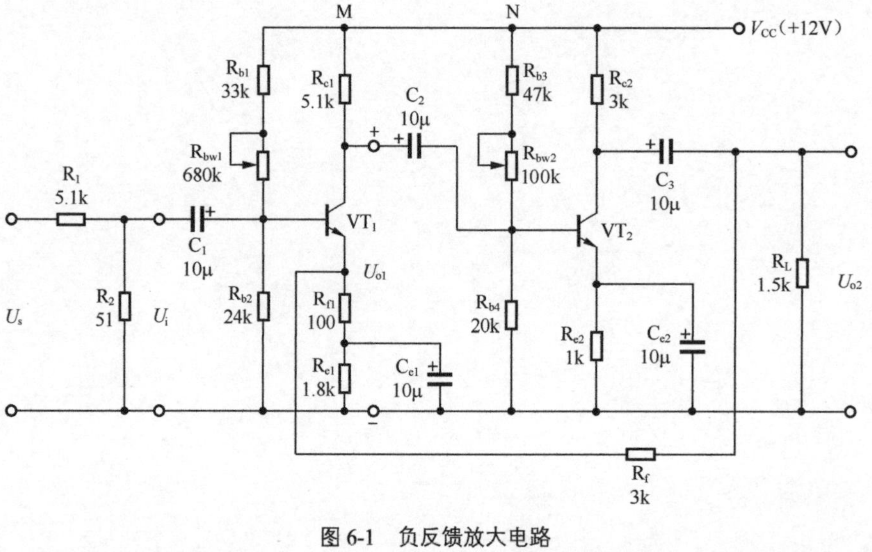

图 6-1 负反馈放大电路

1. 负反馈放大电路开环和闭环放大倍数的测试

按图 6-1 所示连接实验电路，但不要接入反馈电阻 R_f。取 V_{cc}=+12V，U_i=0V，调节电位器 R_{bw} 使 U_{C1} 对地电压为 6V，用数字万用表分别测量第一级、第二级的静态工作点，记入表 6-1。

表 6-1　放大电路的静态工作点

级数	U_B（V）	U_C（V）	U_{Rb1}（V）	U_{Rb3}（V）	I_C（mA）	I_B（μA）	β
第一级							
第二级			—				

2. 测试放大器的各项性能指标

开环：调节函数信号发生器，产生输出频率 f=1kHz，幅度约为 100mV 的正弦波信号并将其接入放大器的 U_s 端，微调函数信号发生器的幅度，使 U_i=1mV，用双踪示波器监视输出波形 U_o，在 U_o 波形不失真的情况下，用交流毫伏表分别测量 U_L、U_{o1} 和 U_{o2} 并记入表 6-2 中。其中，U_L 为有负载 R_L 时第二级的输出电压；U_{o1} 为第一级的输出电压；U_{o2} 为第二级空载时的输出电压。

闭环：连接反馈支路 R_f，调节函数信号发生器，产生输出频率 f=1kHz，幅度约为 2000mV 的正弦波信号并将其接入放大器的 U_s 端，微调函数信号发生器的幅度使 U_i=20mV。用双踪示波器监视输出波形 U_o，在 U_o 不失真的情况下，重复上述测量并将结果记入表 6-2 中。

完成上述测量后，根据实测值计算空载时开/闭环电路放大倍数和输出电阻并记入表 6-2 中。

表 6-2　负反馈放大器的性能测试

基本放大器	U_s（mV）	U_i（mV）	U_L（V）	U_{o1}（V）	U_{o2}（V）	A_V（实测）	A_V（理论）	R_o（Ω）
	100	1						
负反馈放大器	U_s（mV）	U_i（mV）	U_L（V）	U_{o1}（V）	U_{o2f}（V）	A_{Vf}（实测）	A_V（理论）	R_o（Ω）
	2000	20						

3. 观察负反馈对非线性失真的改善

（1）实验电路改接成基本放大电路形式，使用函数信号发生器在 U_s 端输入 f=1kHz 的正弦信号，U_o 端接双踪示波器。逐渐增大输入信号的幅度，输出波形开始失真，记录此时输出电压的幅度波形，记入表 6-3 中。

（2）再将实验电路改接成负反馈放大电路形式，保持函数信号发生器的频率不变，并增大输入信号的幅度，使输出电压幅度的大小与上一种情形相同，并和引入了负反馈时的电路进行比较，观察输出波形的变化，记入表 6-3 中。

表 6-3　负反馈对非线性失真的改善

工作状态	U_i（mV）	U_o（mV）	输出波形
基本放大器			

续表

工作状态	U_i（mV）	U_o（mV）	输出波形
负反馈放大器			

4. 观察电源波动对负反馈电路的影响

连接负载电阻 R_L=5.1kΩ，按照表 6-4 所示改变表 6-3 负反馈对非线性失真的改善放大器的供电电压，分别测量有反馈和无反馈时的放大倍数，并记录实验结果。

表 6-4 电源波动对负反馈电路的影响

工作状态	U_i（mV）	放大倍数	Vcc=9V	Vcc=12V	Vcc=15V
基本放大器	1mV	A_o			
		A_v			
负反馈放大器	20mV	A_o			
		A_v			

5. 放大器频率特性测试

先进行开环测试，选择 f=1kHz 的正弦波输入信号 U_s，并通过调整函数信号发生器的输出幅度，使输出信号在双踪示波器上的幅度最大且波形不失真，保持 U_s 的幅度不变并增加频率，直到波形幅度减小到原来的 70%，此时的输入信号频率为放大器上限频率 f_H。同理逐步降低输入信号的频率得到放大器的下限频率 f_L，记入表 6-5 中。

连接负反馈回路 R_f，重复上述过程，并将结果记入表 6-5 中。

表 6-5 放大器频率特性测试

基本放大器	f_L（Hz）	f_H（Hz）	f_{BW}（Hz）
负反馈放大器	f_{Lf}（Hz）	f_{Hf}（Hz）	f_{BWf}（Hz）

四、思考题

1. 复习有关负反馈放大器的内容，估算基本放大器的 A_V、R_i 和 R_o；估算负反馈放大器的 A_{Vf}、R_{if} 和 R_{of}，并验算它们之间的关系。
2. 若按深度负反馈估算，则闭环电压放大倍数 A_{Vf} 和测量值是否一致？为什么？
3. 若输入信号失真，能否用负反馈电路来改善？
4. 怎样判断放大器是否存在自激振荡？如何消除？

五、实验要求

1. 将基本放大器和负反馈放大器动态参数的实测值和理论估算值进行比较。
2. 根据实验结果，总结电压串联负反馈对放大器性能的影响。

实验七

比例加减运算电路

一、实验目的

1. 了解运算放大器的基本使用方法。
2. 认识集成运放构成的基本运算电路，测定它们的运算关系。
3. 学习使用集成运放 TL084。

二、实验设备

1. 数字万用表
2. 模拟电路实验箱

三、实验内容与步骤

1. 反相比例运算

按图 7-1 所示接线，U_i 端接直流信号源，根据电路参数计算 $A_V=U_o/U_i$，按表 7-1 中给定的 U_i 值计算和测量出对应的 U_o 值，把计算结果和实测数据记入表 7-1 中，计算实际电压放大倍数。

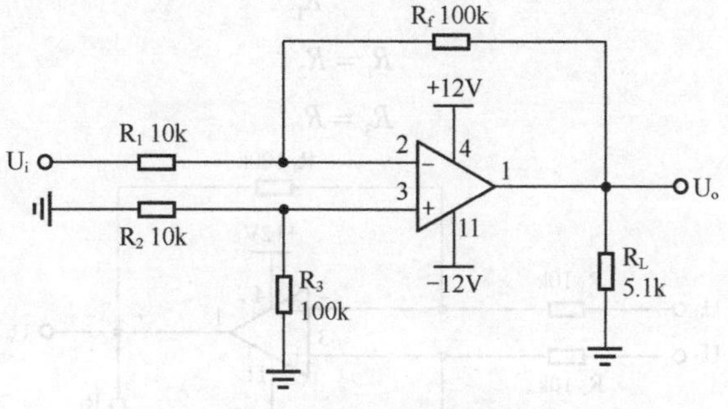

图 7-1　反相比例运算电路

表 7-1　反相比例运算

U_i（V）	0.2	0.4	0.6	0.8	1.0	1.2	1.4
理论计算值 U_o（V）							
实际测量值 U_o（V）							
实际放大倍数 A_V							

2. 同相比例运算

按图 7-2 所示接线，根据电路参数计算 $A_V=U_o/U_i$，按表 7-2 所示给定的 U_i 值计算和测量对应的 U_o 值，把计算结果和实测数据记入表 7-2 中。并计算实际电压放大倍数。

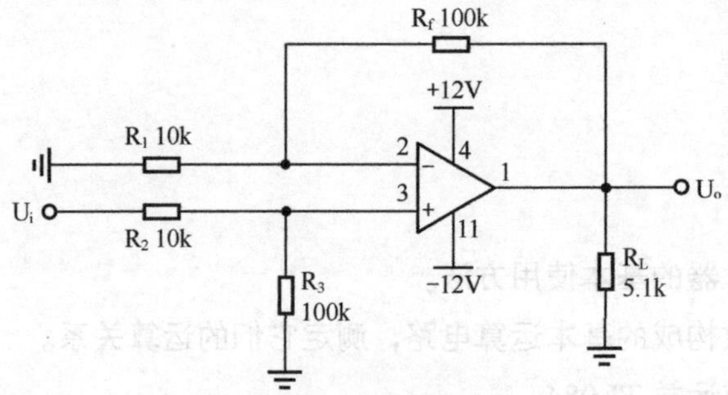

图 7-2　同相比例运算电路

表 7-2　同相比例运算

U_i（V）	0.2	0.4	0.6	0.8	1.0	1.2	1.4
理论计算值 U_o（V）							
实际测量值 U_o（V）							
实际放大倍数 A_V							

3. 减法运算

按图 7-3 所示接线，接通电源，按表 7-3 中给定的 U_{i1} 和 U_{i2} 值计算和测量对应的 U_o 值，把计算结果和实测数据记入表 7-3 中。验证：

$$U_o = \frac{(U_{i2} - U_{i1})R_f}{R_1} \tag{7-1}$$

$$R_1 = R_2 \tag{7-2}$$

$$R_3 = R_f \tag{7-3}$$

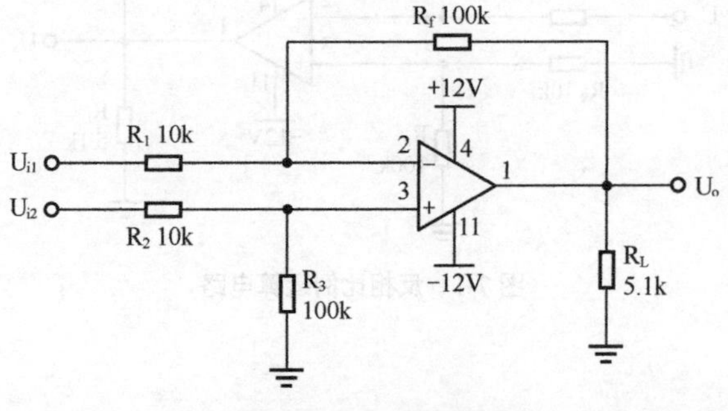

图 7-3　减法运算电路

表 7-3　减法运算

输入信号 U_{i1}（V）	1.0	0.7	0.8	0.6	0.3	−0.2
输入信号 U_{i2}（V）	1.2	1.0	0.6	−0.5	−0.5	0.4
理论计算值 U_o（V）						
实际测量值 U_o（V）						

4. 加法运算

按图 7-4 所示接线，接通电源，按给定的 U_{i1} 和 U_{i2} 值计算和测量对应的 U_o 值，把计算结果和实测数据记入表 7-4 中。验证：

$$U_o = -\left[\frac{R_f}{R_1}V_{i1} + \frac{R_f}{R_2}U_{i2}\right] \tag{7-4}$$

$$R_3 = R_1 // R_2 // R_f \tag{7-5}$$

其中电阻 R_3 可以通过并联两个 10kΩ 的电阻获得，或直接使用 5.1kΩ 电阻。

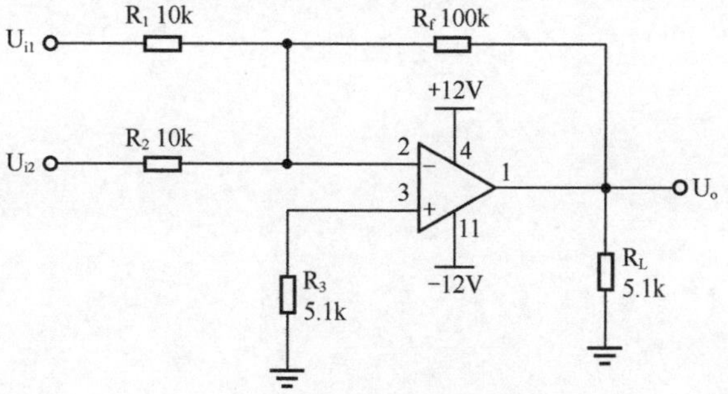

图 7-4　加法运算电路

表 7-4　加法运算

输入信号 U_{i1}（V）	0	0.3	0.5	0.7	−0.5	−0.5
输入信号 U_{i2}（V）	0.3	0.2	0.3	0.4	0.4	0.5
理论计算值 U_o（V）						
实际测量值 U_o（V）						

5. 运算电路设计

试设计一个运算电路，要求仅使用一个运放实现输出电压和输入电压的运算，其关系式：$U_o = 20U_{i1} - 10U_{i2} - 10U_{i3}$，并在实验板上实现该运算电路。

四、思考题

1. 为了不损坏集成运放，实验中应注意什么问题？

2. 正、负电源极性是否可以反接？输出端是否可以短路？为什么？

3. 集成运放的应用电路多种多样，但其工作区域却只有两个，这两个工作区域各是什么？在本实验各个运算电路中，集成运放工作在哪个区域？如果输入信号过大，其输出电压是否还满足运算关系？为什么？

五、实验要求

1. 分析各运算关系。
2. 将理论计算结果和实测数据比较，分析误差产生的原因。

实验八

电压比较器与矩形波发生器

一、实验目的

1. 掌握电压比较器的电路结构和特点。
2. 学习电压比较器传输特性的测量方法。
3. 掌握矩形波发生器的工作原理和观测方法。

二、实验设备

1. 函数信号发生器
2. 双踪示波器
3. 交流毫伏表
4. 数字万用表
5. 模拟电路实验箱

三、实验内容与步骤

1. 过零比较器

按图 8-1 所示接线。

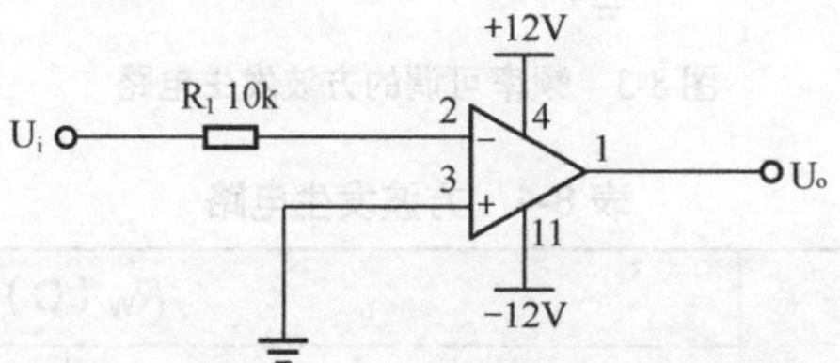

图 8-1　过零比较器

（1）U_i为输入频率 500Hz、峰峰值为 4V 的正弦波，用双踪示波器同时观察 U_i和 U_o的波形并记录下来。

（2）改变 U_i的幅值，观察输出电压 U_o的变化。

2. 反向滞回比较器

实验电路如图 8-2 所示。

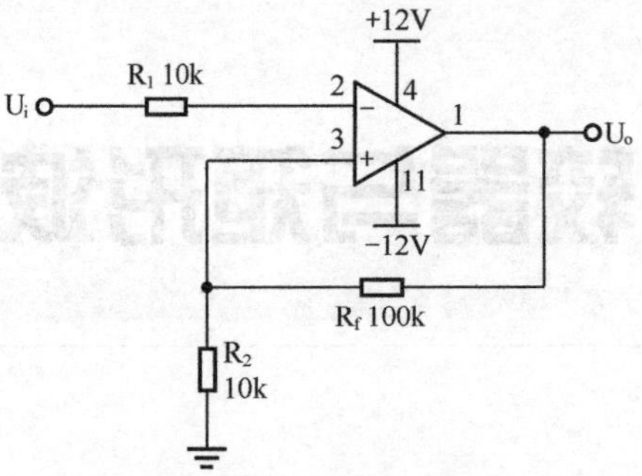

图 8-2　反向滞回比较器

（1）按图 8-2 所示接线，U_i 接直流信号源。调节 U_i 的大小，用万用表观察输出 U_o 的变化，并测出 U_o 由 $+U_{omax}$ 跃变到 $-U_{omax}$ 时 U_i 的临界值及 U_o 由 $-U_{omax}$ 跃变到 $+U_{omax}$ 时 U_i 的临界值。

（2）U_i 接频率为 500Hz、峰峰值为 4V 的正弦波，用双踪示波器观察并记录 U_i 和 U_o 的波形。

3. 频率可调的方波发生电路

按图 8-3 所示接线，调节电位器 R_W，用双踪示波器观察并记录 U_o 的波形，计算并测量当 R_W 取最大值和最小值时 U_o 的频率，将结果填入表 8-1 中。

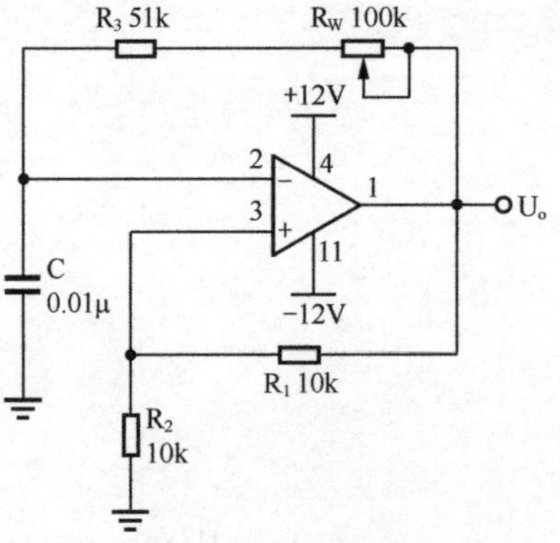

图 8-3　频率可调的方波发生电路

表 8-1　方波发生电路

参数		R_W（Ω）	
		0	100k
f（Hz）	计算值		
	测量值		
U_o 波形			

4. 频率固定、占空比可调的矩形波发生电路

按图 8-4 所示接线，调节电位器 R_W，用双踪示波器观察并记录 U_o的波形，计算并测量 R_W 的滑线端在最上端和最下端时波形的占空比 W，将结果填入表 8-2 中。

表 8-2 矩形波发生电路

参数		R_W位置	
		最上端	最下端
占空比 W	计算值		
	测量值		
U_o波形			

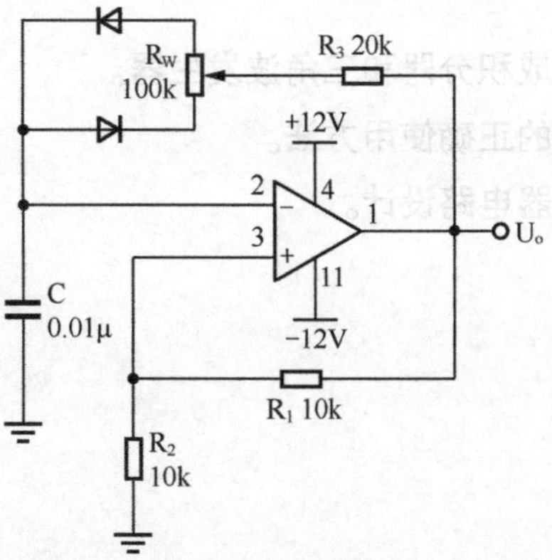

图 8-4 占空比可调的矩形波发生电路

四、思考题

1. 总结过零比较器、反相滞回比较器的特点，并从电路结构上比较它们。
2. 画出上述两类电压比较器的电压传输特性曲线。
3. 在图 8-3 中，要想获得更低的频率，应该怎样选择电路参数?
4. 在图 8-4 中，怎样更改电路能将其变成频率可调、占空比可调的矩形波发生电路?

五、实验要求

1. 整理实验数据，画出各实验的波形图。
2. 总结波形发生器的特点。

实验九

积分器与三角波发生器

一、实验目的

1. 学会用运算放大器组成积分器和三角波发生器。
2. 进一步掌握集成运放的正确使用方法。
3. 学习简单的运算放大器电路设计。

二、实验设备

1. 双踪示波器
2. 交流毫伏表
3. 数字万用表
4. 模拟电路实验箱

三、实验内容与步骤

1. 积分电路

按图 9-1 所示接线。

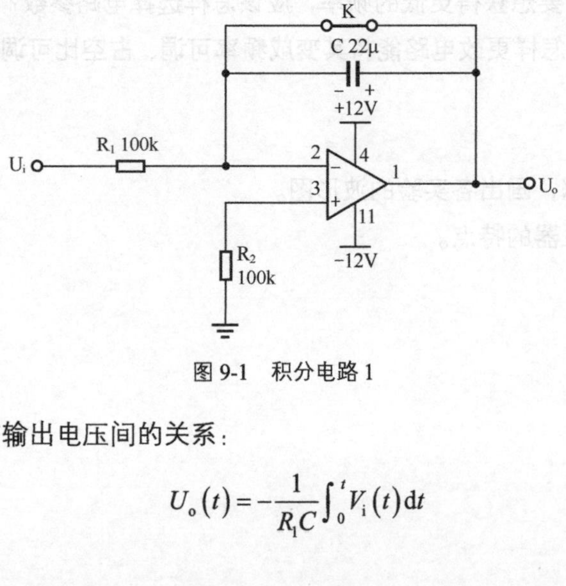

图 9-1　积分电路 1

积分电路输入与输出电压间的关系：

$$U_o(t) = -\frac{1}{R_1 C}\int_0^t V_i(t)\,dt \qquad (9\text{-}1)$$

$$U_o(\omega) = -\frac{1}{j\omega R_1 C} U_i(\omega) \tag{9-2}$$

（1）在 U_i 端施加−5V 直流电压，断开开关 K（模拟电路实验箱上没有开关时，可以使用导线代替。拔出导线一端时视作开关断开）。用双踪示波器观察并记录 U_o 端输出信号波形的变化。（注：测量时双踪示波器电压刻度设置为 5V，时间刻度设置为 1s；当扫描线由 0V 增大到最大值时，将双踪示波器由 RUN 状态切换到 STOP 状态。）

（2）测量饱和输出电压及有效积分时间。

（3）按图 9-2 所示接线，U_i 端输入频率为 100Hz、峰峰值为 2V 的正弦波，观察并记录 U_i 和 U_o 的大小及相位关系。

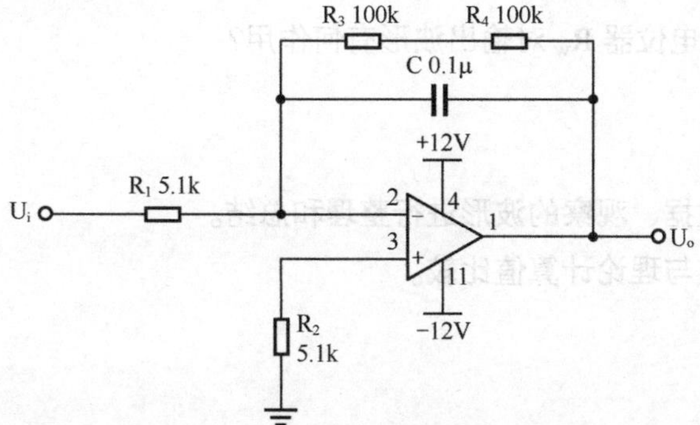

图 9-2　积分电路 2

2. 三角波发生电路

按图 9-3 所示接线，调节电位器 R_W，用双踪示波器观察并记录 U_o 端的波形，计算并测量 R_W 取最小值和最大值时 U_o 端输出信号的频率，将结果填入表 9-1 中。

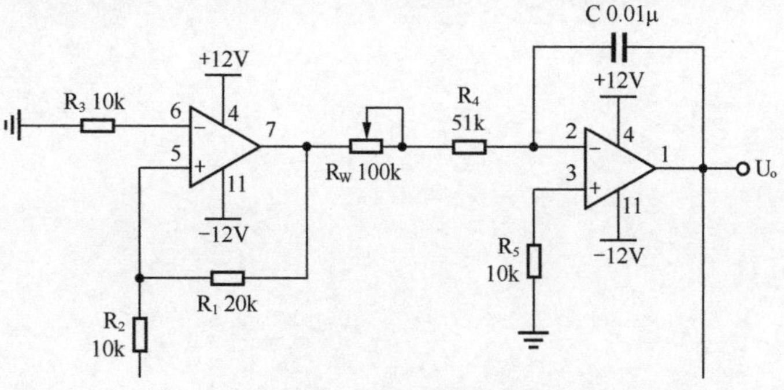

图 9-3　三角波发生电路

表 9-1　三角波发生电路

参数		R_W（Ω）	
		0	100k
f（Hz）	计算值		
	测量值		
U_{o1} 波形			

续表

参数	R_W（Ω）	
	0	100k
U_{o2}波形		

四、思考题

1. 推导积分电路的输入输出关系。
2. 图 9-3 所示的电位器 R_w 对输出波形有何作用?

五、实验要求

1. 对实验中的数据、观察的波形进行整理和总结。
2. 将实验测量值与理论计算值比较。

实验十

有源滤波器

一、实验目的

1. 学习由集成运放组成的有源滤波电路。
2. 学习测量有源滤波器的幅频特性。
3. 学习设计滤波电路。

二、实验设备

1. 函数信号发生器
2. 双踪示波器
3. 交流毫伏表
4. 数字万用表
5. 模拟电路实验箱

三、实验内容与步骤

1. 低通滤波器

按图 10-1 所示接线。输入端为 U_i=1V 的正弦信号，调节信号源频率，用双踪示波器观察输出波形及幅度的变化，并选择适当频率点进行测量，将测量的 U_o值（包括 U_{omax}、$0.707U_{omax}$）填入表 10-1 中。其中频率一栏的空缺部分根据实际测量情况选择适当的频率点进行填写。

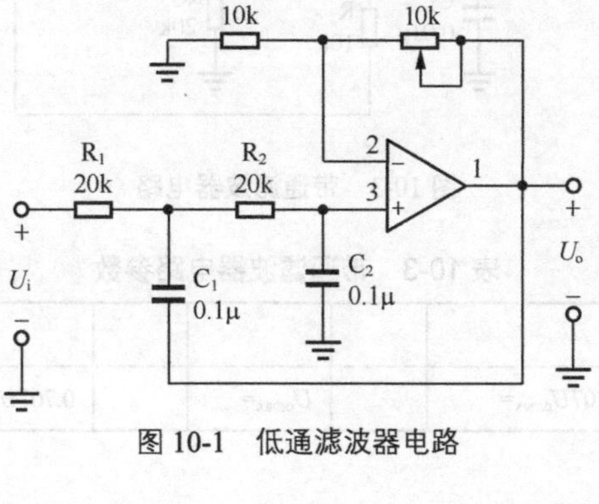

图 10-1　低通滤波器电路

表 10-1　低通滤波器电路参数

f(Hz)	5	10					100	150	200	300
U_o(V)			U_{omax}=		$0.707U_{omax}$=					

2. 高通滤波器

高通滤波电路如图 10-2 所示，实验内容与要求同低通滤波器，将实验结果填入表 10-2 中。

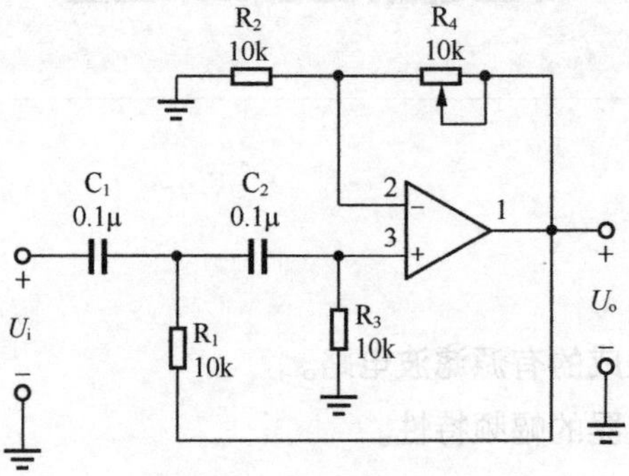

图 10-2　高通滤波器电路

表 10-2　高通滤波器电路参数

f(Hz)	20	50	100						300	400
U_o(V)					$0.707U_m$=		U_m=			

3. 带通滤波器

带通滤波器电路以图 10-1、图 10-2 所示电路为基础，通过组合两种电路产生，也可采用图 10-3 所示带通滤波电路。在输入端输入 1V 的正弦信号，调节信号源频率，用双踪示波器观察输出波形及幅度变化，选择适当的频率，将测量的 U_o 值(包括 U_{omax}、$0.707U_{omax}$ 值)，填入表 10-3 中。

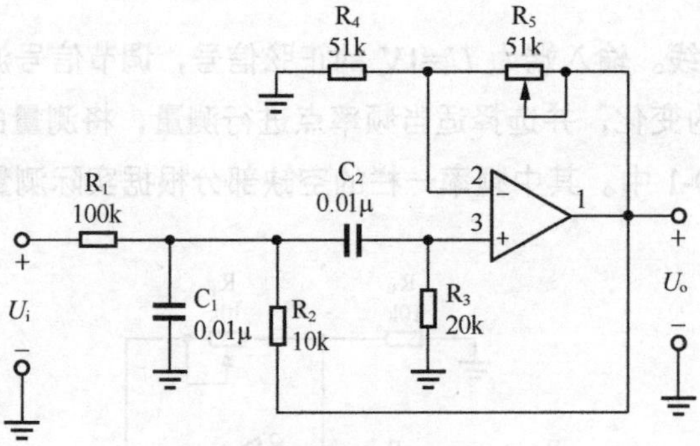

图 10-3　带通滤波器电路

表 10-3　带通滤波器电路参数

f(Hz)										
U_o(V)			$0.707U_{omax}$=		U_{omax}=		$0.707U_{omax}$=			

四、思考题

1. 总结有源滤波电路的特性。
2. 如何根据实验曲线，计算截止频率、中心频率、带宽及品质因数。

五、实验要求

1. 以表格中测量的数据，画出曲线。
2. 总结设计电路的体会并分析实验误差。

实验十一

差动放大器

一、实验目的

1. 学习差动放大器零点调整的方法及静态工作点的测量方法。
2. 进一步理解差模放大倍数的意义及测试方法。
3. 认识差动放大器对共模信号的抑制能力并测试差动放大器的共模抑制比。

二、实验设备

1. 函数信号发生器
2. 双踪示波器
3. 交流毫伏表
4. 数字万用表
5. 模拟电路实验箱

三、实验内容与步骤

1. 差动放大电路静态测试

按图 11-1 所示接线，并将触点 1 与触点 2 连接。

令 $U_{i1}=U_{i2}=0$，并将 A、B 点与地短接，用数字万用表测量 U_o 的值，调节 R_W 使 $U_o=0$。

测量两个晶体三极管的静态工作点，并计算相关参数，填入表 11-1 中。

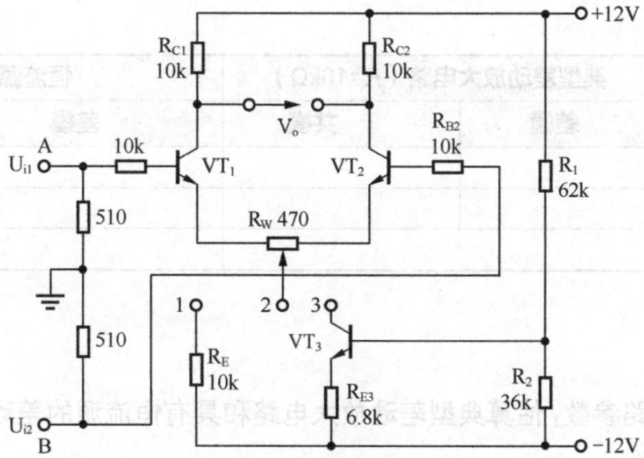

图 11-1　差动放大电路

表 11-1　差动放大电路的静态参数

测量值						计算值					
VT_1			VT_2			VT_1			VT_2		
U_{C1}	U_{B1}	U_{E1}	U_{C2}	U_{B2}	U_{E2}	I_{B1}	I_{C1}	β_1	I_{B2}	I_{C2}	β_2

注：表中电压单位为 V，电流单位为 mA。

2. 差模电压放大倍数

调整函数信号发生器，使其输出一个 f=1kHz、幅度约为 30mV 的正弦波信号。将该信号送入 A 端差模输入端，使 B 端接地。用双踪示波器观察输出信号的波形，然后用交流毫伏表测量输入端 U_i 及输出端 U_{C1}、U_{C2}、U_o 的值，并计算差动放大器的差模电压增益 A_{Vd}，将数据填入表 11-2 中。注意在进行该实验时，应在信号源的输出端与差动放大器的输入端 A 之间串联一个 22μF 的电容。

3. 共模电压放大倍数

将输入端 B 与地断开后与输入端 A 短接，仍然从输入端 A 输入 f=1kHz、幅度约为 300mV 的正弦波信号，构成共模输入结构。然后用交流毫伏表测量 U_{C1}、U_{C2}、U_o 的值，计算差动放大器的 A_{VC} 和共模抑制比 K_{CMR}。将数据填入表 11-2 中。

4. 带恒流源的差动放大电路

将电路改接成带恒流源的差动放大器，将电路中的触点 1 连接触点 3，并重复上述实验内容，将实测数据填入表 11-2 中。

表 11-2　差动放大电路测量数据

参数	典型差动放大电路（R=10kΩ）		恒流源差动放大电路	
	差模	共模	差模	共模
U_i	A=(　), B=(　)	AB=(　)	A=(　), B=(　)	AB=(　)
U_{C1}				
U_{C2}				
U_o				
$A_{Vd}=U_o/U_i$		—		—

续表

参数	典型差动放大电路（R=10kΩ）		恒流源差动放大电路	
	差模	共模	差模	共模
$A_d=U_{C1}/U_i$		—		—
$A_{VC}=U_o/U_i$	—		—	
$K_{CMR}=A_{Vd}/A_{VC}$				

四、思考题

1. 根据实验电路参数，估算典型差动放大电路和具有恒流源的差动放大电路的静态工作点及差模放大倍数。

2. 根据实验结果，总结电阻 R_E 和恒流源的作用。

3. 为什么要对差动放大器进行调零？调零时使用交流毫伏表还是数字万用表测量 V_o？

4. 比较 U_i、U_{C1}、U_{C2} 的相位关系。

五、实验要求

1. 整理实验数据，列表比较实验数据结果和理论估算值，分析误差原因。

（1）计算静态工作点和差模电压放大倍数。

（2）典型差动放大电路单端输出时 K_{CMR} 的实测值和理论值的比较。

（3）典型差动放大电路单端输出时 K_{CMR} 的实测值与具有恒流源的差动放大器 K_{CMR} 实测值比较。

2. 总结两种工作状态的优缺点。

实验十二

功率放大电路

一、实验目的

1. 了解功率放大电路的性能和特点。
2. 深入理解负反馈对放大电路性能的影响。
3. 掌握电路的测试方法。

二、实验设备

1. 函数信号发生器
2. 双踪示波器
3. 交流毫伏表
4. 数字万用表
5. 模拟电路实验箱

三、实验内容与步骤

1. 测量电源电压为±12V 时的最大不失真输出功率和效率

按图 12-1 所示接线，使用信号发生器产生一个 f=1kHz，U_i=100mV 的低频信号，并将其送入功率放大电路的输入端。用双踪示波器观察输出波形。在无自激振荡的情况下，逐渐加大输入信号电压，当输出波形处于临界失真时，记录此时的最大不失真输出电压 U_o，并计算最大输出功率 P_{OM} 和效率 η，数据记入表 12-1 中。

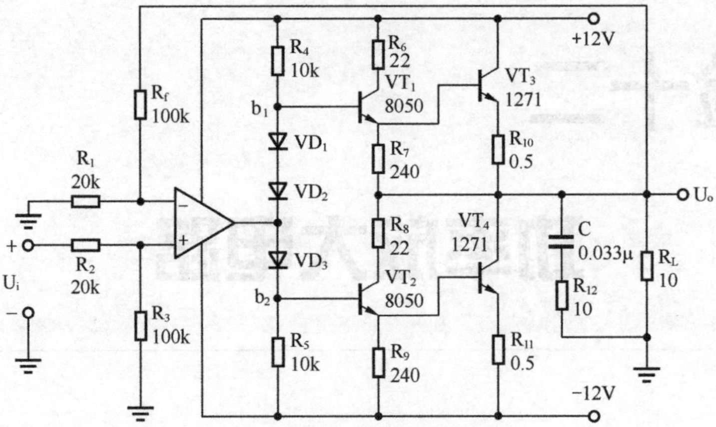

图 12-1 功率放大电路

表 12-1 最大不失真输出功率和效率

U_o（V）	$P_{OM}=U_o^2/R_L$	$P_U=EI$	$\eta=P_{OM}/P_U$

注：P_V 为直流电源提供的功率，E 为直流电源总电压，I 为电路总电流。

2. 测量功率放大电路在音频（20Hz~20kHz）范围内的频率特性

在函数信号发生器输出正弦波信号的频率 f=1kHz 时，调节输入信号的幅度 U_i，使输出信号 U_o=0.8V，然后测量 U_i，在 U_i 不变的条件下改变信号频率 f，记录所对应的 U_o，并画出 $U_o\sim f$ 曲线。数据记入表 12-2 中。

表 12-2 功率放大电路音频范围内的频率特性

保持 U_i 不变	记录 U_o	f（Hz）								
		10	20	200	600	1k	10k	20k	60k	80k
U_i= mV	U_o（V）									

3. 观察负反馈深度对失真波形的影响

（1）在函数信号发生器输出正弦波信号的频率 f=1kHz 时，用双踪示波器观察放大器的输出波形，逐渐加大输入信号电压幅度，直至输出波形失真。将失真的波形记入表 12-3 中。

（2）将 100kΩ 电阻与负反馈电阻 R_f 并联，增大电路负反馈深度，观察输出波形失真有无变化。将此时的波形记入表 12-3 中。

表 12-3 负反馈深度对波形失真的影响

原输出失真波形	加强负反馈后的输出波形

4. 用双踪示波器观察负反馈放大电路的自激振荡现象及消除方法

调整输入信号的频率和幅度，并使用双踪示波器观察放大器的输出信号波形，使输出处于临界振荡状态，此时断开校正网络，电路将产生自激振荡现象。观察并记录该现象。

5. 观察末级工作状态对交越失真的影响

（1）将图 12-1 所示电路 b_1 和 b_2 点短路后与驱动输出端相连接，在正电源端串接交流毫安表，测量静态电流 I_{c3}。

$$I_{c3}=\underline{\qquad\qquad}\text{mA}$$

（2）使用函数信号发生器产生 f=1kHz、V_i=100mV 的低频信号并输入放大电路，用双踪示波器观察并画出输出波形的交越失真情况。

（3）用 100kΩ 电阻与反馈电阻 R_f 并联，加深放大器的负反馈，用双踪示波器观察交越失真波形有无变化。

四、思考题

1. 二极管 VD_1、VD_2、VD_3 在本实验电路中起到什么作用？是否还可以运用别的方法来实现该作用？

2. 本实验电路引入了哪类负反馈？计算在深度负反馈条件下的放大倍数。

3. 分析当输入信号频率为 20kHz 后的波形为何会出现失真现象？

五、实验要求

1. 根据实验测量值计算最大不失真输出功率及相应的效率。

2. 根据实验数据画出放大器的幅频特性曲线。

3. 根据实验结果分析负反馈对失真波形的影响。

4. 根据实验结果分析交越失真产生的原因及消除方法。

实验十三

RC 正弦波振荡器

一、实验目的

1. 学习 RC 正弦波振荡器的组成及振荡条件。

2. 学习如何设计、调试 RC 正弦波振荡器电路和测量电路输出波形的频率、幅度。

二、实验设备

1. 双踪示波器

2. 交流毫伏表

3. 模拟电路实验箱

三、实验内容与步骤

1. RC 串并联（文氏桥）正弦波振荡器

从结构上看，正弦波振荡器没有输入信号及输出端带有选频网络的正反馈放大器。若用 R、C 元器件组成选频网络，就称其为 RC 振荡器，一般用来产生 1Hz～1MHz 的低频信号。

RC 串并联正弦波振荡器的原理图如图 13-1 所示。

振荡频率：$f_0=\dfrac{1}{2\pi RC}$。

起振条件：$|A|>3$。

电路特点：可方便地连续改变振荡频率，便于引入负反馈稳幅，容易得到良好的振荡波形。

图 13-2 所示为 RC（文氏桥）正弦波振荡器的具体电路，可用来产生频率范围宽、波形较好的正弦波。电路由放大器和反馈网络组成。

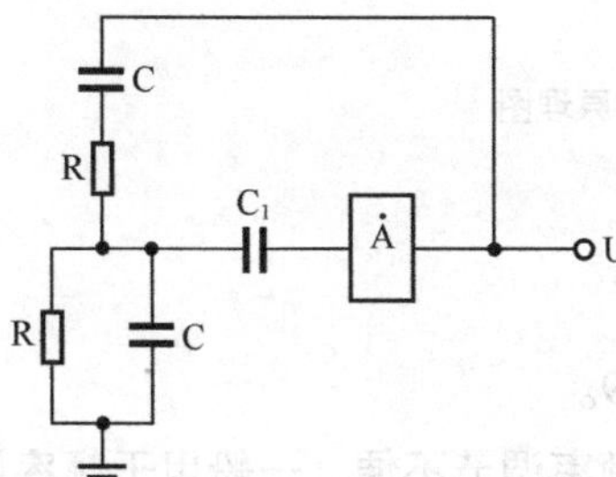

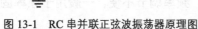

图 13-1 RC 串并联正弦波振荡器原理图

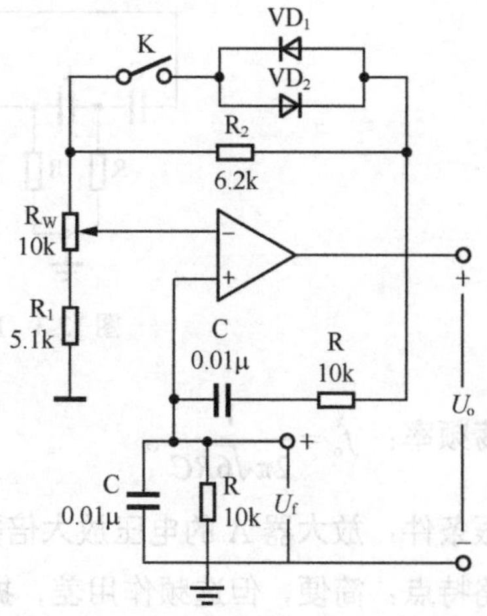

图 13-2 RC（文氏桥）正弦波振荡器电路

（1）有稳幅电路的 RC 桥正弦波振荡器

按图 13-2 所示接线，闭合开关，接通电源。用双踪示波器观测有无正弦波信号输出。若无输出，可调节 R_W，直至电路的输出为无明显失真的正弦波，测量输出信号的频率，并将其与理论计算值比较。用交流毫伏表测量输出信号 U_o 和 U_f 的有效值，并观察 U_o 值是否稳定。观察在 R=10kΩ、C=0.01μF 和 R=100kΩ、C=0.01μF 两种情况下，输出波形的变化情况。测量 U_o 及 f_o，填入表 13-1 中，并将它们与理论计算值比较。

表 13-1 带稳幅电路的 RC 桥振荡器参数

测量参数	R=10kΩ，C=0.01μF		R=100kΩ，C=0.01μF	
	U_o（V）	f_o（Hz）	U_o（V）	f_o（Hz）
计算值				
测量值				

（2）无稳幅电路的 RC 桥正弦波振荡器

断开开关，接通电源，调节 R_W，使输出信号 U_o 为无明显失真的正弦波，测量 U_o 和 f_o，填入表 13-2 中，并将它们与理论计算值比较。

表 13-2 无稳幅电路的 RC 桥正弦波振荡器参数

测量参数	R=10kΩ，C=0.01μF		R=100kΩ，C=0.01μF	
	U_o（V）	f_o（Hz）	U_o（V）	f_o（Hz）
计算值				
测量值				

2. RC 移相振荡器

图 13-3 所示为 RC 移相振荡器的原理图。

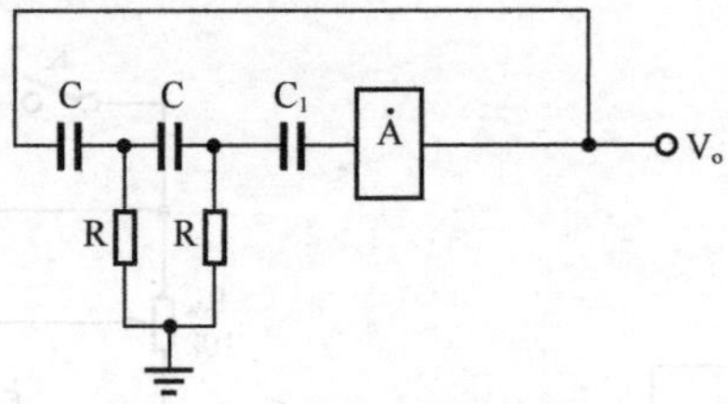

图 13-3　RC 移相振荡器原理图

振荡频率：$f_o = \dfrac{1}{2\pi\sqrt{6}RC}$。

起振条件：放大器 A 的电压放大倍数 $|\dot{A}| > 29$。

电路特点：简便，但选频作用差，振幅不稳，频率调节不便，一般用于频率固定且稳定性要求不高的场合。

频率范围：几赫兹至数千赫兹。

图 13-4 所示为 RC 移相振荡器的具体电路。按图 13-4 所示接线。

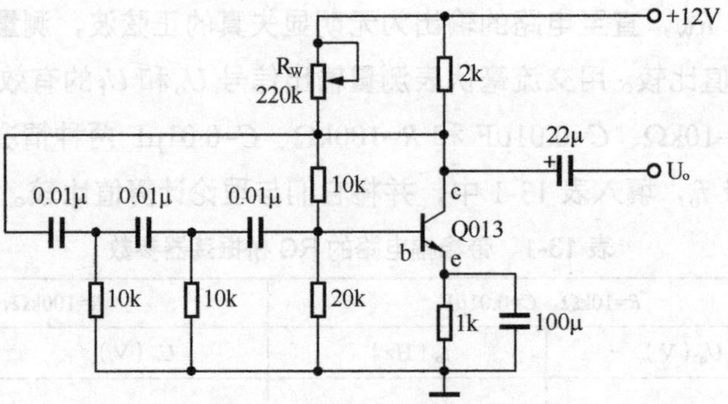

图 13-4　RC 移相振荡器

（1）断开 RC 移相电路，调整放大器的静态工作点，测量放大器电压放大倍数。

（2）接通 RC 移相电路，并使电路起振，用双踪示波器观测输出电压 V_o 波形，同时用双踪示波器测量振荡频率，并比较测量值与理论计算值。

四、思考题

1. 正弦波振荡电路有哪几部分组成？各个部分实现什么功能？
2. 正弦波振荡电路所产生的自激振荡和由负反馈产生的自激振荡有区别吗？
3. 产生正弦波的振荡条件是什么？如何判断振荡电路满足振荡条件？

五、实验要求

1. 整理实验数据，填写表格。
2. 测试 V_o 的频率并与理论计算值比较。

实验十四

整流电路、滤波电路、稳压电路

一、实验目的

1. 比较半波整流电路与桥式整流电路的特点。
2. 了解稳压电路的组成和稳压作用。
3. 熟悉和掌握集成三端可调稳压器的使用及设计。

二、实验设备

1. 双踪示波器
2. 数字万用表
3. 模拟电路实验箱

三、实验内容与步骤

1. 半波整流电路与桥式整流电路

分别按图 14-1 和图 14-2 所示接线。在输入端接入 16V 交流电压，调节 R_W 使 $I_o = 50\text{mA}$，测出 V_o，同时用双踪示波器的 DC 挡观察输出波形并记入表 14-1 中。

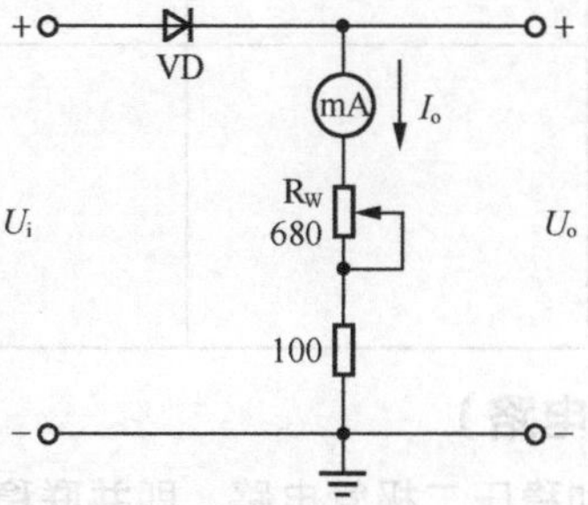

图 14-1　半波整流电路

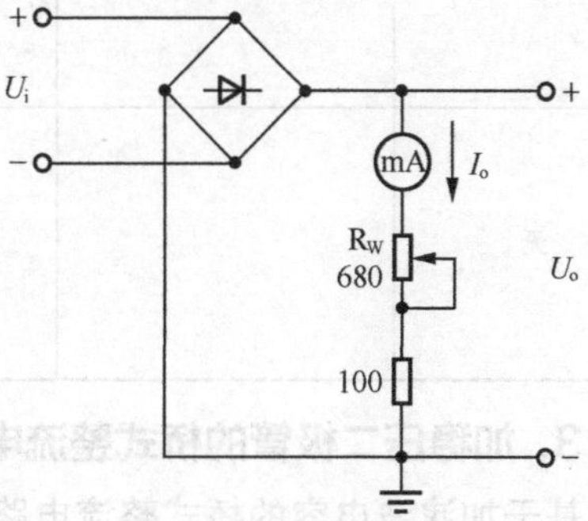

图 14-2　桥式整流电路

表 14-1　桥式整流电路

电路形式	U_i（V）	U_o（V）	I_o（mA）	U_o波形
半波整流				
桥式整流				

2. 加电容滤波的桥式整流电路

保持上述实验电路连接不变，在桥式整流后面加入滤波电容，按照图 14-3 所示接线，测量并比较接入滤波电容与不接入滤波电容两种情况下输出电压 U_o 及输出电流 I_o，并用双踪示波器直流耦合挡位观测输出电压的波形，记入表 14-2 中。

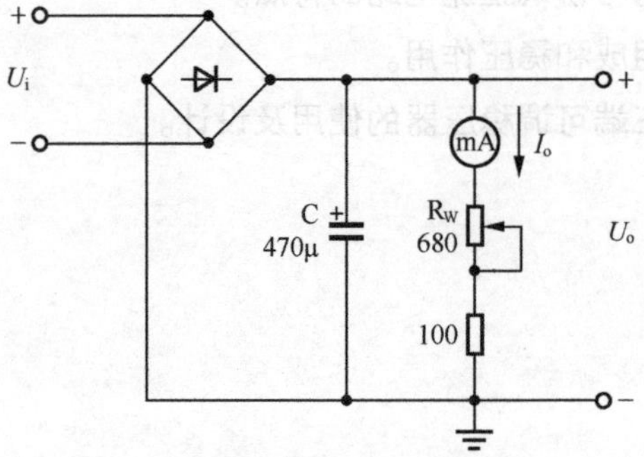

图 14-3　加滤波电容的桥式整流电路

表 14-2　加滤波电容的桥式整流电路

有无滤波电容	U_i（V）	U_o（V）	I_o（mA）	波形
有				
无				

3. 加稳压二极管的桥式整流电路（并联稳压电路）

基于加滤波电容的桥式整流电路，在电容后面加稳压二极管电路，即并联稳压电路，按图 14-4 所示接线。

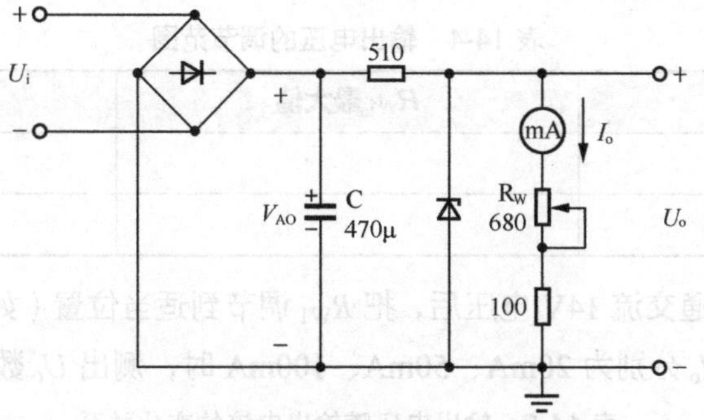

图 14-4 加稳压二极管的桥式整流电路

当接通 14V 交流电压后，调节 R_W 使输出电流分别为 10mA、15mA、20mA 时，测出 U_{AO}、U_o，并用双踪示波器的直流耦合挡位观测波形，记入表 14-3 中。

表 14-3 加稳压二极管的桥式整流电路

I_o（mA）	U_i（V）	U_{AO}（V）	U_o（V）	U_{AO} 波形	U_o 波形
10					
15					
20					

4. 可调三端集成稳压电路（串联稳压电路）

（1）可调三端集成稳压电路即串联稳压电路，按图 14-5 所示接线。

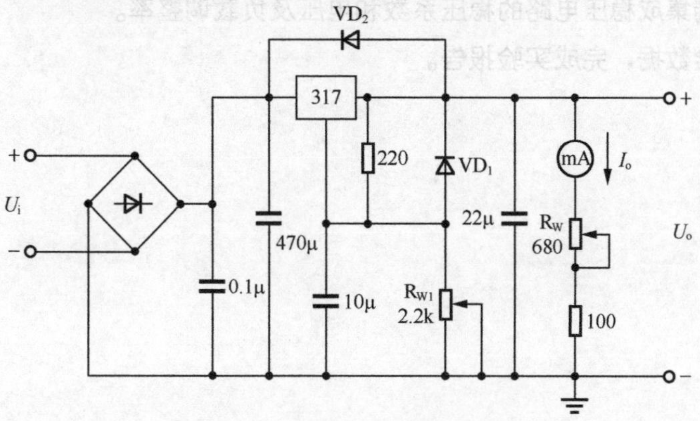

图 14-5 可调三端集成稳压电路

（2）输入端接通交流 14V 电压，调节 R_{W1}，测出输出电压调节范围。记入表 14-4 中。

表 14-4　输出电压的调节范围

	R_{W1}最大值	R_{W1}最小值
V_i(V)		
V_o(V)		

（3）当输入端接通交流 14V 电压后，把 R_{W1} 调节到适当位置（如使输出 U_o=10V）。调节 R_W 改变负载，使 I_o 分别为 20mA、50mA、100mA 时，测出 U_o 数值，记入表 14-5 中。

表 14-5　输出电压随输出电流的变化关系

I_o（mA）	20	50	100
U_o（V）			

（4）输入端接通 16V 交流电压，调节 R_{W1} 使输出电压 U_o=10V；再调节 R_W 使输出电流 I_o=100mA，然后仅改变输入端交流电压为 12V、16V 及 18V 时（用数字万用表分别测量 12V、16V、18V 的实际值填在表中括号内），测出电压 U_o 值，记入表 14-6 中。

表 14-6　不同输入电压下稳压电源的输出值

U_i（V）	12	16	18
U_o（V）			

四、思考题

1. 比较半波整流电路与桥式整流电路的特点。
2. 说明滤波电容的作用。
3. 比较稳压二极管的稳压作用和可调三端集成稳压器的稳压作用。
4. 试比较有源滤波和整流滤波中的滤波有什么不同?

五、实验要求

1. 计算三端集成稳压电路的稳压系数和电压及负载调整率。
2. 整理实验数据，完成实验报告。

实验十五 集成稳压电路

一、实验目的

1. 了解集成稳压电路的特性和使用方法。
2. 掌握直流稳压电源主要参数测试方法。

二、实验设备

1. 双踪示波器
2. 数字万用表
3. 模拟电路实验箱

三、实验内容与步骤

1. 稳压器的测试

图 15-1 所示为集成稳压电路的标准电路，其中二极管 VD 起保护作用，防止输入端突然短路时电流倒灌损坏稳压块；两个电容用于抑制纹波和高频噪声。

按图 15-1 所示接线，测试以下内容并记录：稳定输出电压、稳压系数 S_r、输出电阻 R_o、纹波电压（有效值或峰值）。

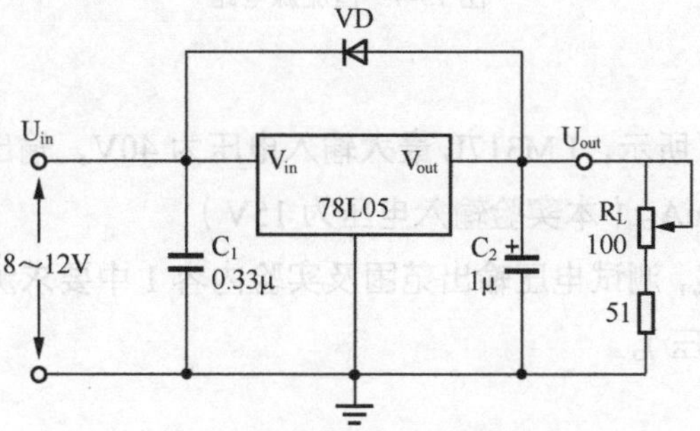

图 15-1　集成稳压标准电路

2. 稳压电路性能测试

仍使用如图 15-1 所示电路，测试直流稳压电源性能，记录以下内容。

（1）保持稳定输出电压的最小输入电压。

（2）输出电流最大值及过流保护性能。

3. 三端稳压电路的灵活应用

（1）改变输出电压

实验电路如图 15-2、图 15-3 所示。按图接线，测量电路输出电压及变化范围。

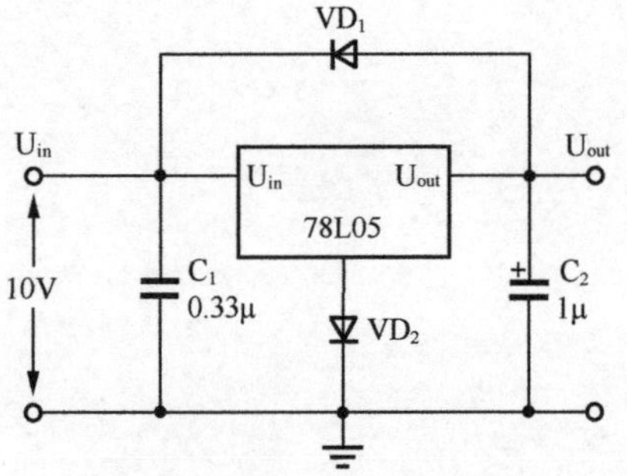

图 15-2　三端稳压器参数测试 1

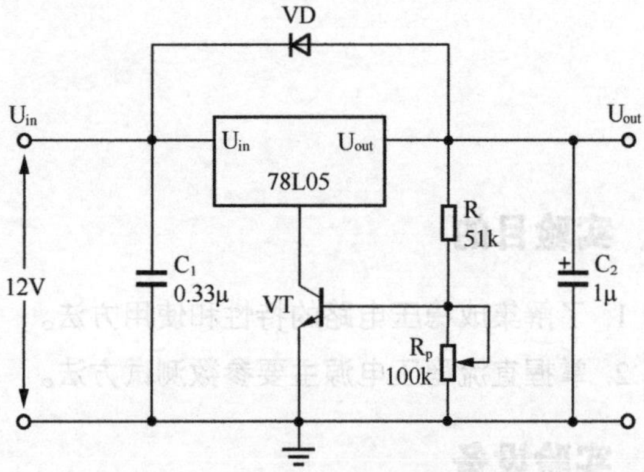

图 15-3　三端稳压器参数测试 2

（2）组成恒流源

实验电路如图 15-4 所示。按图接线，并验证电路恒流。

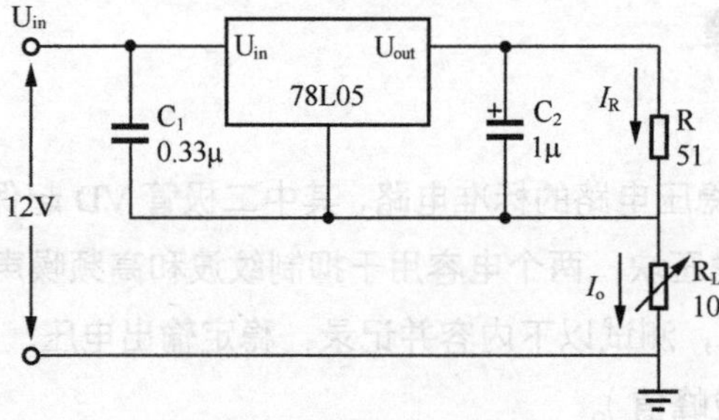

图 15-4　恒流源电路

（3）可调稳压电路

实验电路如图 15-5 所示，LM317L 最大输入电压为 40V，输出电压为 1.25～37V，可调最大输出电流为 100mA。（本实验输入电压为 15V）

按图 15-5 所示接线，测试电压输出范围及实验内容 1 中要求测试的各项指标（测试时将输出电压调到合适电压）。

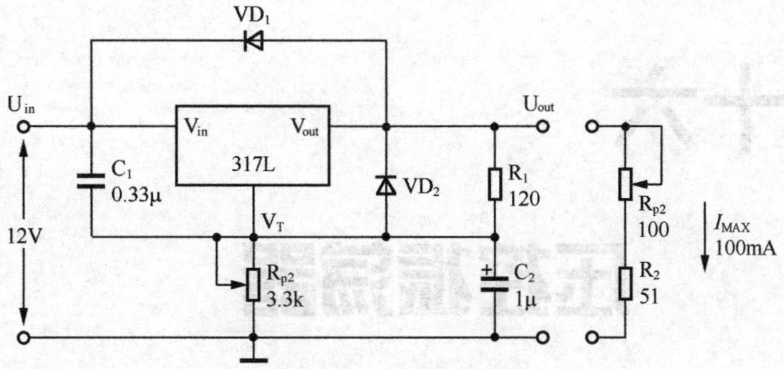

图 15-5　可调稳压电路

四、思考题

分析三端稳压器的应用方法。

五、实验要求

1. 整理实验报告，计算实验内容 1 的各项参数。
2. 画出实验内容 2 的输出保护特性曲线。

实验十六

压控振荡器

一、实验目的

1. 掌握压控振荡器的原理。
2. 熟悉压控振荡器的组成及调试方法。

二、实验设备

1. 双踪示波器
2. 数字万用表
3. 模拟电路实验箱

三、实验内容与步骤

在波形发生电路中，一般通过人工调节可变电阻或可变电容来改变振荡电路的振荡频率，而在自动控制等场合，往往要求电路能自动调节振荡频率。常用的方法是使用控制电压，通过电压的变化来控制波形发生电路的振荡频率，而且要求振荡频率与控制电压成正比。这种电路称为 VCO 电路或电压-频率转换电路。利用该电路可以构成精度高、线性度好的压控振荡器，电路如图 16-1 所示。

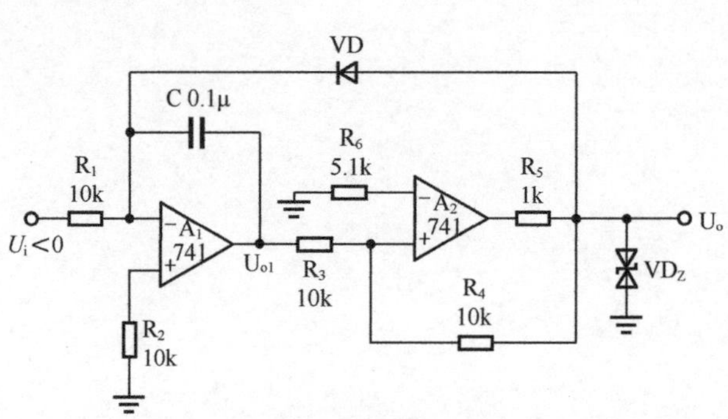

图 16-1　压控振荡器电路

1. 按图 16-1 所示接线，使用双踪示波器观察 U_{o1} 和 U_o 的波形。

2. 按表 16-1 中给定的 U_i 值，测量电路输出电压 U_o 的振荡频率 f 与输入电压 U_i 的转换关系，并填入表格。

3. 用双踪示波器观测并描绘当 $U_i=-5V$ 时，U_{o1} 和 U_o 的波形。

4. 将电容换为 0.01μF，重复上述实验步骤。

表 16-1　压控振荡器的参数测量

V_i（V）		−1	−2	−3	−4	−5	−6
T（ms）	计算值						
	测量值						
f（Hz）	计算值						
	测量值						

四、思考题

1. 指出图 16-1 中电容器 C 的充放电回路。
2. 定性分析用可调电压改变输出频率的工作原理。

五、实验要求

1. 画出各实验的相关波形图。
2. 总结压控振荡器的特点，分析电路参数变化对频率的影响。

实验十七

万用表的设计

一、实验目的

1. 熟悉用运算放大器设计万用表的方法。
2. 掌握元器件的选取和电子电路的调试方法。

二、实验设备

1. 模拟电路实验箱
2. 数字万用表
3. 表头（灵敏度为 1mA，内阻为 100Ω）

三、实验内容与步骤

1. 实验原理

在理想情况下，测量电路时，万用表应不影响被测电路的原工作状态，这就要求万用表应具有无穷大的输入电阻，内阻为零。但实际上，万用表表头的可动线圈总有一定的电阻，例如 100μA 的表头，其内阻约为 1kΩ，用它进行电路测量时将影响被测值，引起误差。此外，交流电表中整流二极管的压降和非线性特性也会产生误差。如果在万用表中使用运算放大器，就能大大降低这些误差，提高测量精度。在欧姆表中采用运算放大器，不仅能得到线性刻度，还能实现自动调零。

（1）直流电压表

图 17-1 所示为同相端输入、高精度直流电压表参考电路，R_m 为表头内阻。

为了减小表头参数对测量精度的影响，将表头置于运算放大器的反馈回路中，这时，流经表头的电流与表头的参数无关，只要改变电阻 R_1，就可进行电压表量程的切换。

表头电流 I 与被测电压 U_i 的关系为：

$$I = \frac{U_i}{R_1} \tag{17-1}$$

应当指出：图 17-1 所示电路适用于测量电路与运算放大器共地的有关电路。此外，当被测电压较高时，在运算放大器的输入端应设置衰减器。

（2）直流电流表

图 17-2 所示为直流电流表的参考电路。在电流测量中，浮地电流是普遍存在的，若被测电流无接地点，则电路中就不可避免的有浮地电流。为此，应把运算放大器的电源也对地浮动，按此种方式构成的电流表就可以像常规电流表那样，串联在任何电流通路中测量电流。

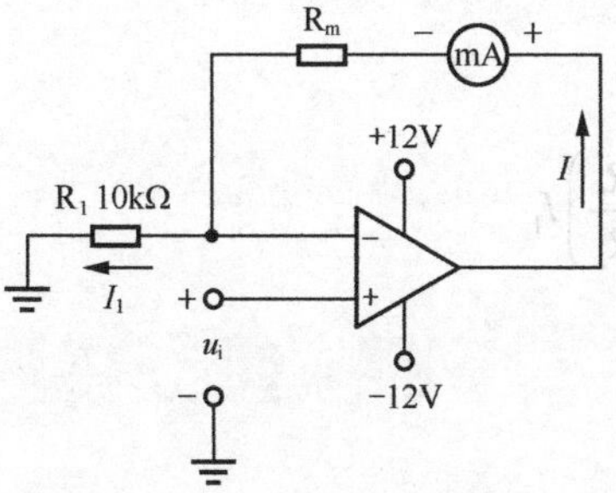

图 17-1　直流电压表参考电路

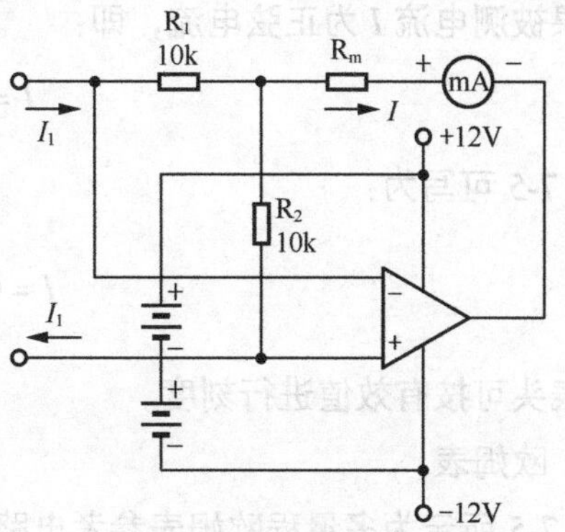

图 17-2　直流电流表参考电路

表头电流 I 与被测电流 I_1 间的关系：

$$-I_1R_1 = (I_1 - I)R_2 \tag{17-2}$$

则

$$I = \left(1 + \frac{R_1}{R_2}\right)I_1 \tag{17-3}$$

可见，改变电阻比（R_1/R_2）可调节流过电流表的电流，以提高灵敏度。如果被测电流较大，则应给电流表表头并联分流电阻。

（3）交流电压表

由运算放大器、二极管整流桥和直流毫安表组成的交流电压表参考电路如图 17-3 所示。被测交流电压 u_i 加到运算放大器的同相端，故运算放大器有很高的输入阻抗，又因为负反馈能减小反馈回路中的非线性影响，故把二极管桥路和表头置于运算放大器的反馈回路中，以减小二极管本身对电路的非线性影响。

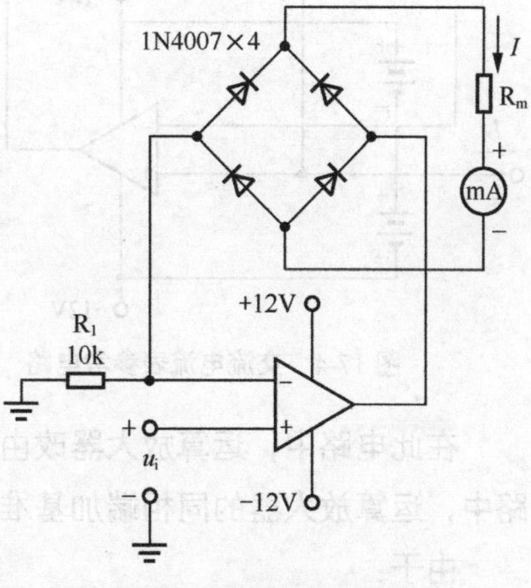

图 17-3　交流电压表参考电路

表头电流 I 与被测电压 u_i 的关系：

$$I = \frac{u_i}{R_1} \tag{17-4}$$

电流 I 全部流过桥路，其值仅与 u_i/R_2 有关，与桥路和表头参数（如二极管的死区非线性参数）无关。表头电流与被测电压 u_i 的全波整流平均值成正比，若 u_i 为正弦波信号，则表头可按有效值来刻度。被测电压的上限频率决定于运算放大器的频带和上升速率。

（4）交流电流表

图 17-4 所示为交流电流表的参考电路，表头读数由被测交流电流 I 的全波整流平均值 I_{1AV} 决定，即：

$$I=\left(1+\frac{R_1}{R_2}\right)I_{1AV} \tag{17-5}$$

如果被测电流 I 为正弦电流，即：

$$I=\sqrt{2}I_1\sin\omega t \tag{17-6}$$

式 17-5 可写为：

$$I=0.9\left(1+\frac{R_1}{R_2}\right)I_1 \tag{17-7}$$

则表头可按有效值进行刻度。

（5）欧姆表

图 17-5 所示为多量程欧姆表参考电路。

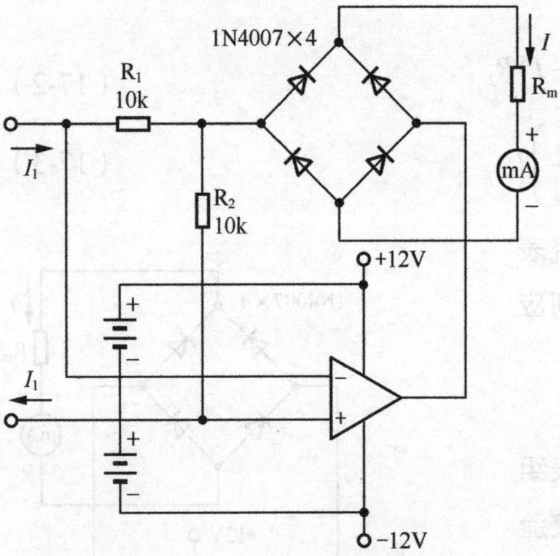

图 17-4　交流电流表参考电路

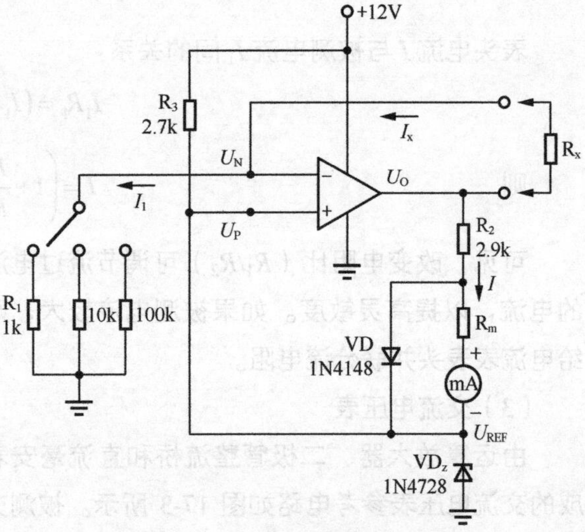

图 17-5　多量程欧姆表参考电路

在此电路中，运算放大器改由单电源供电，被测电阻 R_x 跨接在运算放大器的反馈回路中，运算放大器的同相端加基准电压 U_{REF}。

由于：

$$U_P=U_N=U_{REF} \tag{17-8}$$

$$I_1=I_x \tag{17-9}$$

$$\frac{U_{REF}}{R_1}=\frac{U_O-U_{REF}}{R_x} \tag{17-10}$$

即：

$$R_X=\frac{U_O-U_{REF}}{U_{REF}}\cdot R_1 \tag{17-11}$$

流经表头的电流：

$$I = \frac{U_{O} - U_{REF}}{R_2 + R_m} \quad (17\text{-}12)$$

由式（17-11）和式（17-12）消去（U_O–U_{REF}）可得：

$$I = \frac{U_{REF}R_x}{R_1(R_2 + R_m)} \quad (17\text{-}13)$$

可见，电流 I 与被测电阻成正比，而且表头具有线性刻度，改变 R_1 的值，可改变欧姆表的量程。这种欧姆表能自动调零，当 R_x=0 时，电路变为电压跟随器，U_O= U_{REF}，故表头电流为零，从而实现了自动调零。

二极管 VD 起保护电表的作用，如果没有 VD，当 R_x 超量程时，特别是当 $R_x \to \infty$ 时，运算放大器的输出电压将接近电源电压，使表头过载。有了 VD 就可使输出钳位，防止表头过载。调整 R_2，可实现满量程调节。

2. 设计要求

参考上述原理电路，用运算放大器设计一个可测量电压、电流、电阻的简易万用表，具体要求如下。

（1）直流电压表：满量程+6V。

（2）直流电流表：满量程 10mA。

（3）交流电压表：满量程 6V，50Hz ~ 1kHz。

（4）交流电流表：满量程 10mA。

（5）欧姆表：满量程分别为 1kΩ、10kΩ、100kΩ。

万用表作电压表、电流表或欧姆表测量时，或进行量程切换时，应用开关切换，但实验时可用引接线切换。

四、思考题

1. 在连接电源时，正、负电源连接点上分别接大容量的滤波电容器和 0.01 ~ 0.1μF 的小参值电容器，作用是什么?

2. 万用表表头的哪些因素对万用表的精度有影响?

3. 万用表交流电流测试灵敏度是多少?

4. 集成运放在万用表中的作用是什么?

5. 交流电压的被测信号的频率由哪些元器件决定?

五、实验要求

1. 记录电路的设计过程。

2. 绘出完整的万用表设计电路原理图。

3. 将设计的万用表与标准表比较，计算万用表各功能挡的相对误差，分析误差原因。

实验十八

语音滤波器

一、实验目的

1. 进一步理解由运算放大器组成的 RC 有源滤波器的工作原理。
2. 熟练掌握二阶 RC 有源滤波器的设计方法。
3. 掌握滤波器基本参数的测量方法。

二、实验设备

1. 双踪示波器
2. 函数信号发生器
3. 交流毫伏表
4. 模拟电路实验箱
5. 数字万用表

三、实验内容与步骤

1. 实验原理

滤波器是最通用的模拟电路单元之一，绝大多数的电路系统要用到它。滤波器根据幅频特性或相频特性的不同可分为低通滤波器、高通滤波器、带通滤波器和带阻滤波器。

滤波器按是否采用有源元器件又可分为无源滤波器和有源滤波器。无源滤波器电路简单，但对通带信号有一定的衰减，因此电路性能较差。用运算放大器与少量的 RC 元器件组成的有源滤波器具有体积小、性能好、可放大信号、调整方便等优点，但因受运算放大器本身带宽的限制，目前仅适用于低频范围。

（1）二阶低通有源滤波器

由于滤波器的衰减与阶数有关，阶数越高衰减越快。高阶有源滤波器可由一阶和二阶滤波器级联而成，其中二阶滤波器是一个最基本的单元。

图 18-1 所示是一个简单的二阶低通有源滤波器电路。

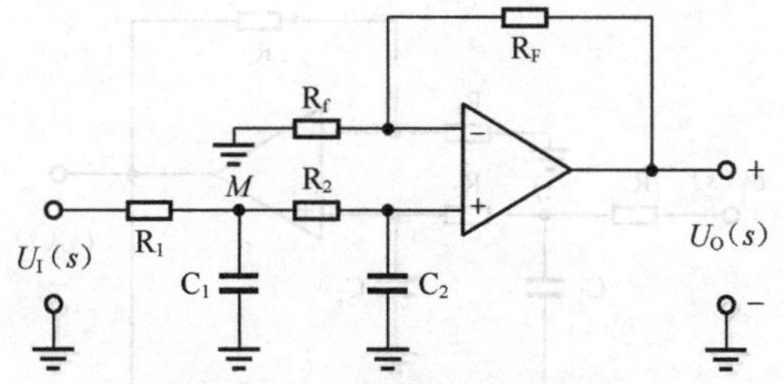

图 18-1　二阶低通有源滤波器电路

二阶低通有源滤波器主要性能如下。

① 通带电压放大倍数。二阶低通有源滤波器的通带电压放大倍数就是频率 $f=0$ 时输出电压与输入电压之比，因此通带电压的大倍数也就是同相比例放大器的增益。

$$A_{\mathrm{Of}}=1+\frac{R_{\mathrm{F}}}{R_{\mathrm{f}}} \tag{18-1}$$

② 取 $R_1=R_2=R$，$C_1=C_2=C$，传递函数如下。

$$A(s)=\frac{U_{\mathrm{O}}(s)}{U_{\mathrm{I}}(s)}=\frac{A_{\mathrm{O}}}{1+3sCR+(sCR)^2} \tag{18-2}$$

③ 通带截止频率。

$$f_0=\frac{0.37}{2\pi RC} \tag{18-3}$$

④ 幅频特性。

图 18-2 所示为简单二阶低通有源滤波器幅频特性，从图中可看出，二阶低通有源滤波器在 $f>>f_0$ 时衰减为−40dB/10 倍频（斜率）。

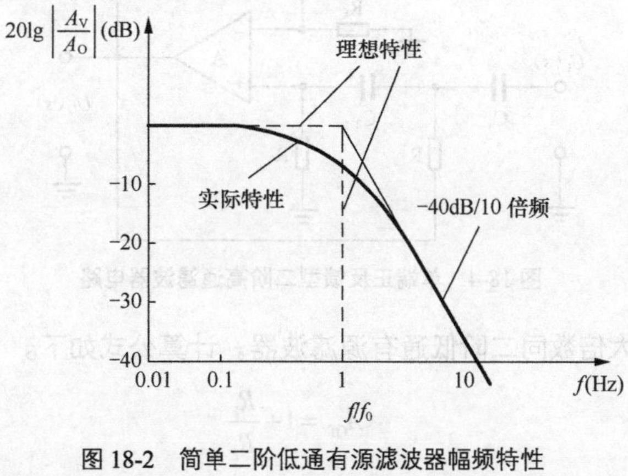

图 18-2　简单二阶低通有源滤波器幅频特性

图 18-3 所示为典型的单端正反馈型二阶低通滤波器电路。简单二阶低通滤波器虽然在 $f>>f_0$ 时衰减较大，但在 f_0 附近的幅频特性和理想的低通滤波器幅频特性差别也大。单端正反馈型二阶低通滤波器可以克服这个缺点。当 $R_1=R_2=R$，$C_1=C_2=C$，$\omega_0=2\pi f_0=\frac{1}{RC}$ 时，其主要电路性能如下。

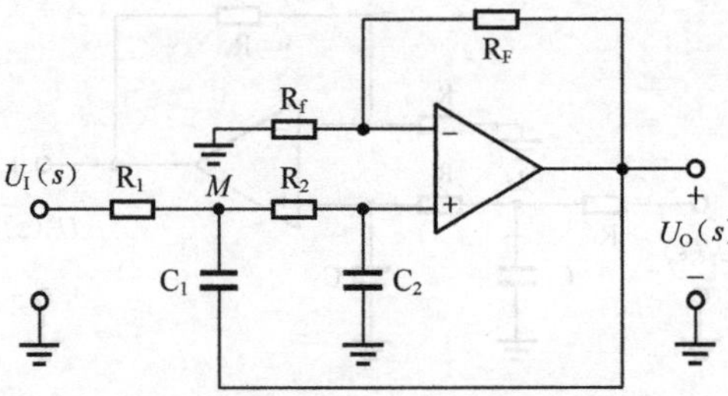

图 18-3　单端正反馈型二阶低通滤波器电路

① 通带电压放大倍数。

$$A_O = 1 + \frac{R_F}{R_f} \tag{18-4}$$

② 传递函数。

$$A(s) = \frac{(sCR)^2}{1 + (3 - A_O)sCR + (sCR)^2} \tag{18-5}$$

③ 品质因数。

$$Q = \frac{1}{3 - A_O} \tag{18-6}$$

（2）二阶高通有源滤波器

将二阶低通滤波器电路中 R 和 C 的位置互换，就构成了图 18-4 所示的典型的单端正反馈型二阶高通滤波电路。当 $R_1=R_2=R$，$C_1=C_2=C$ 时，其主要电路性能如下。

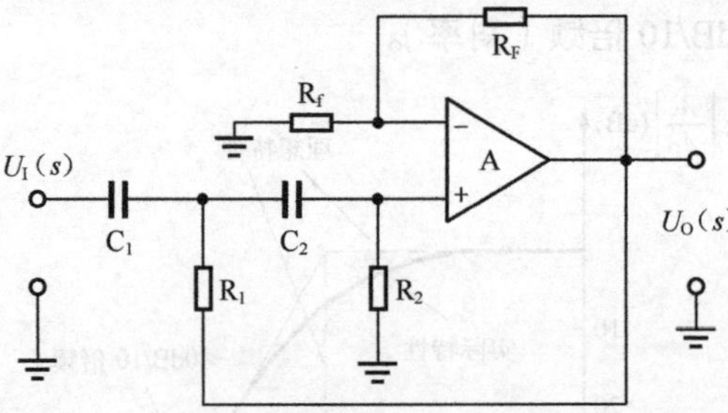

图 18-4　单端正反馈型二阶高通滤波器电路

① 通带电压放大倍数同二阶低通有源滤波器，计算公式如下。

$$A_{Of} = 1 + \frac{R_F}{R_f} \tag{18-7}$$

② 传递函数。

$$A(s) = \frac{A_0}{1 + (3 - A_O)sCR + (sCR)^2} \tag{18-8}$$

③ 品质因数。

$$Q = \frac{1}{3 - A_O} \tag{18-9}$$

（3）语音滤波器设计

语音滤波器电路是语音信号处理的必用电路。语音信号频率较低，相对频带较宽。为保证通带内增益波动小，利用一个高通滤波器和一个低通滤波器级联的形式来实现带通的效果。用该方法构成的带通滤波器的通带较宽，通带截止频率易于调整，通带内有平坦的幅频特性。根据设计要求的指标，选择图 18-4 所示的单端正反馈型二阶高通滤波器电路与图 18-3 所示的单端正反馈型二阶低通滤波器电路级联，作为语言滤波器电路设计方案，如图 18-5 所示。

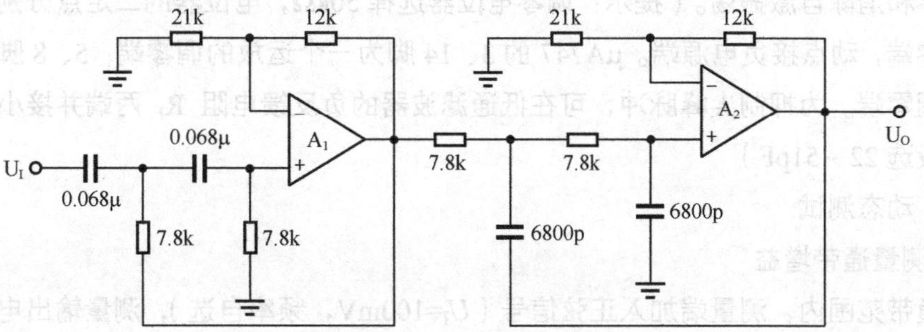

图 18-5　语音滤波器电路

① 运算放大器选择。

由于信号的频率较低，故可选择通用型运算放大器μA747。

② 设计。

设 $R_1=R_2=R$，$C_1=C_2=C$，则：

$$Q=\frac{1}{3-A_{\mathrm{Of}}}\;;\;f_0=\frac{1}{2\pi RC} \qquad (18\text{-}10)$$

由上式得知，f_0、Q 可单独调整，相互影响不大。

选择品质因数 Q=0.71 的巴特沃兹型滤波器（带内平坦），则有 $A_{\mathrm{Of}}=1.59$，由 $f_0=f_{\mathrm{H}}=3\mathrm{kHz}$，得到 RC=$5.31\times10^{-5}\mathrm{Hz}^{-1}$，按标称值取电容 C=6800pF，则 R=7.8kΩ。因为 $A_{\mathrm{Of}}=1+\frac{R_{\mathrm{F}}}{R_{\mathrm{f}}}$，集成运放要求两个输入端的外接电阻对称，可得：

$$\begin{cases}1+\dfrac{R_{\mathrm{F}}}{R_{\mathrm{f}}}=1.59\\ R_{\mathrm{F}}\,//\,R_{\mathrm{f}}=R+R=2R\end{cases} \qquad (18\text{-}11)$$

得出：$R_{\mathrm{F}}=12.402\mathrm{k\Omega}$，$R_{\mathrm{f}}=21.02\mathrm{k\Omega}$。

取 $R_{\mathrm{F}}=12\mathrm{k\Omega}$，$R_{\mathrm{f}}=21\mathrm{k\Omega}$。

二阶有源高通滤波器与二阶低通滤波器几乎具有完全的对偶性，它们的参数表达式与特性也有对偶性，高通滤波器中 R、C 参数的设计方法也与二阶低通滤波器相似。

设 $R_1=R_2=R$，$C_1=C_2=C$，得

$$A_{\mathrm{Of}}=3-\frac{1}{Q} \qquad (18\text{-}12)$$

$$R = \frac{1}{\omega_0 C} \tag{18-13}$$

由于高通滤波器的截止频率为 300Hz，故取 C=0.068μF，其他参数与低通滤波器的参数一致，整个电路的通带增益约为 8dB。

2. 测试内容

按图 18-5 所示连接电路。检查无误后接通电源（U_C=12V，U_E=−12V），进行以下调试。

（1）静态调试

调零和消除自激振荡。（提示：调零电位器选择 50kΩ，电位器的二定点分别接运放的二个调零端，动点接负电源端。μA747 的 3、14 脚为一个运放的调零端；5、8 脚为另一个运放的调零端。为抑制尖峰脉冲，可在低通滤波器的负反馈电阻 R_F 两端并接小电容，电容值一般选 22～51pF）

（2）动态测试

① 测量通带增益

在通带范围内，测量端加入正弦信号（U_I=100mV，频率自选），测量输出电压，算出通带电压放大倍数（通带增益）A_U。

② 测量幅频特性

维持信号输入幅度不变，在 30Hz～30kHz 的范围内，改变输入频率，测量输出幅度，绘出幅频特性曲线，求带通滤波电路的带宽 f_{BW}。

四、思考题

1. 分析反馈型二阶高通滤波器与单端正反馈型二阶低通滤波器的幅频特性。
2. 深入分析语音滤波器电路的工作原理。

五、实验要求

1. 按照设计要求，写出语音滤波器设计过程。
2. 测量电路动态通带增益，计算放大倍数，绘出幅频特性曲线。

实验十九

变速风扇控温装置的设计

一、实验目的

通过本实验，进一步理解和灵活使用运算放大器、脉宽调制器、MOS管、温度检测电路，以及掌握报警电路等的工作原理。

二、实验设备

1. 双踪示波器
2. 直流稳压电源
3. 函数信号发生器
4. 交流毫伏表
5. 数字万用表
6. 模拟电路实验箱

三、实验内容与步骤

1. 实验原理

本实验设计并制作一种利用变速风扇调节设备内部温度并保持温度恒定的装置，该装置通过检测设备内部的温度，自动调节散热风扇的转速，从而使设备保持稳定的工作温度。

变速风扇控温装置的原理图如图 19-1 所示。

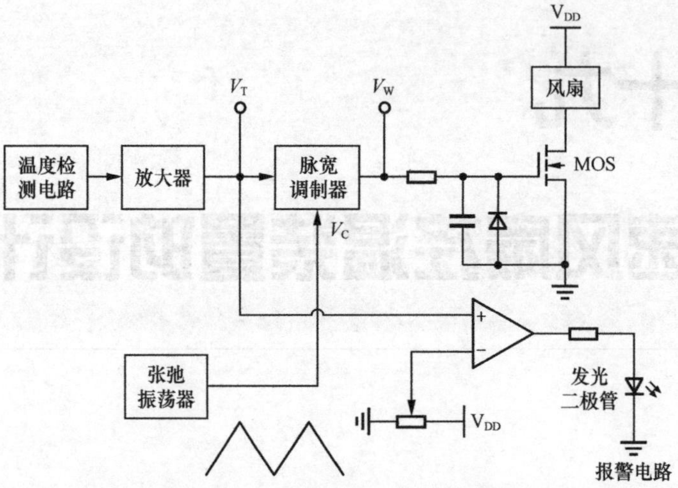

图 19-1　变速风扇控温装置原理图

图 19-1 中温度检测电路与放大电路可以合二为一，如图 19-2 所示。温度传感器 AD590 在温度每高一摄氏度（℃）时产生 1μA 电流，如当温度为 20℃时，则产生（273+20）×1μA=293μA 的电流，该电流流过电阻 R_1 产生电压，该电压经运算放大器放大后，输入脉宽调制器，控制输出信号的脉宽。

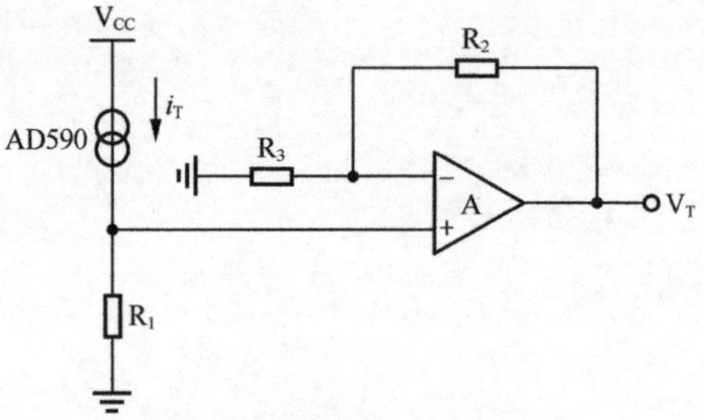

图 19-2　温度检测与放大电路

运算放大器输出电压 V_T 正比于环境温度，即：

$$i_T = (273 + T) \times 1\mu A \tag{19-1}$$

$$V_T = i_T \times R_1 \left(1 + \frac{R_2}{R_3}\right) \tag{19-2}$$

其中，T 为环境温度，且要保证环境温度不能超过放大器承受的温度上限。

张弛振荡器产生的三角波（建议频率为 25Hz）输入脉宽调制器，脉宽调制器实质上可由一个开环的运算放大器构成，其功能类似电压比较器，电路及波形如图 19-3 所示，当温度升高时，脉宽 T_W 变大，平均电压增大，从而使风扇转速增大。

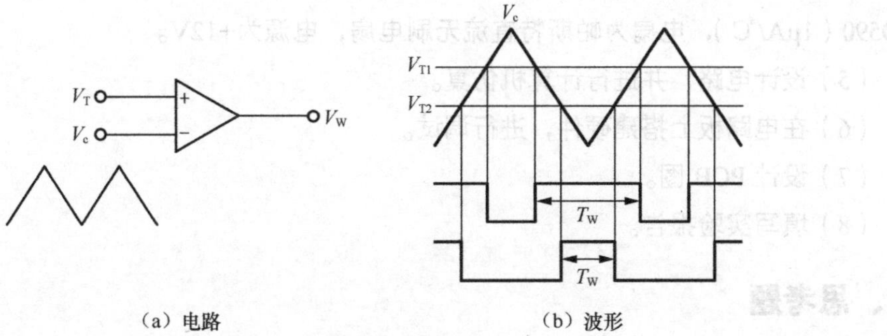

图 19-3 脉宽调制电路及波形

脉宽调制信号加到场效应管的栅极来控制其导通与截止。图 19-1 中的二极管起保护场效应管的作用。

报警电路由比较器和发光二极管组成，当 $V_T>V_R$ 时，输出为高电平，发光管点亮、报警，所以报警电路的参考电压 V_R 要按设备最高允许温度 50℃来计算。图 19-4 所示为变速风扇控制器的参考电路，并且根据题目要求重新设计。

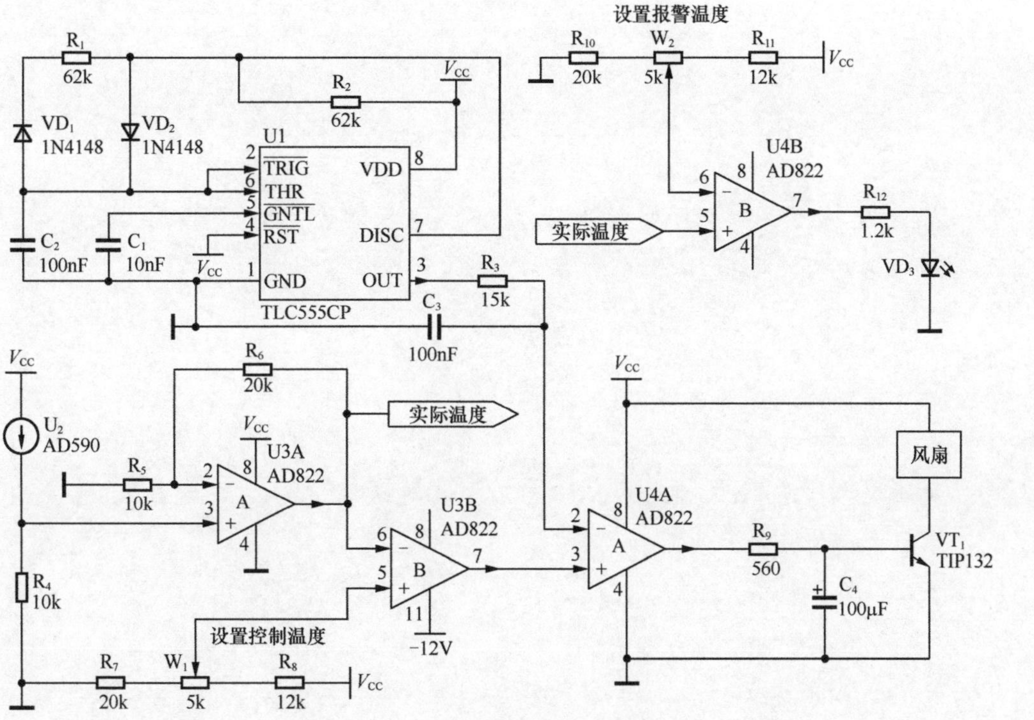

图 19-4 变速风扇控制器的参考电路

2. 设计要求

(1)设计并实现一个变速风扇控温装置。

(2)采用脉宽调制方式调节风扇转速。

(3)设备允许的最高工作温度为 50℃，超过 50℃设备将报警(红灯亮)。

(4)允许采用 2 个型号为 AD820 的集成运算放大器，场效应管为 IRF710，温度传感器为

AD590（1μA/℃），电扇为帕斯特直流无刷电扇，电源为+12V。

（5）设计电路，并进行计算机仿真。

（6）在电路板上搭建硬件，进行调试。

（7）设计 PCB 图。

（8）填写实验报告。

四、思考题

1. 分析变速风扇控温装置的特性。
2. 分析变速风扇控温装置电路的工作原理。

五、实验要求

1. 按照设计要求，写出变速风扇控温装置的设计过程。
2. 使用计算机仿真后，搭建硬件电路，调试模块功能。

实验二十

R、C、L 多功能测试仪的设计

一、实验目的

通过设计与实验，进一步熟悉振荡器、频率计等电路的原理和设计要求，提高实验技能。

二、实验设备

1. 双踪示波器
2. 直流稳压电源
3. 函数信号发生器
4. 交流毫伏表
5. 数字万用表
6. 模拟电路实验箱

三、实验内容与步骤

1. 实验原理

采用 RC 振荡器和 LC 振荡器将测量 R、C、L 转换为测量频率 f_R、f_C、f_L。用数据选择器或模拟开关从电路中选出一路进行分时测量，R、C、L 多功能测试仪结构框图如图 20-1 所示。

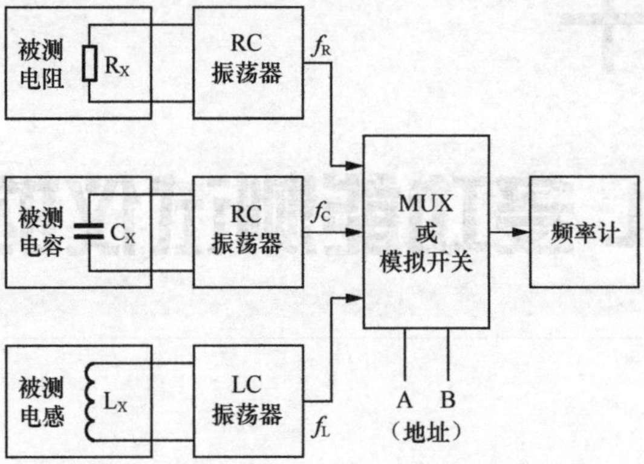

图 20-1　R、C、L 多功能测试仪结构框图

（1）选择 RC 振荡器和 LC 振荡器。

RC 振荡器类型很多，有文氏桥振荡器、RC 移相式振荡器、555 定时器构成的多谐振荡器等，其中使用最方便的是由 555 定时器构成的多谐振荡器，如图 20-2（a）、图 20-2（b）所示。

对图 20-2（a）中电路，有：

$$R_X = \frac{1}{2}\left(\frac{1}{f_R \cdot C \cdot \ln 2} - R_1\right) \tag{20-1}$$

对图 20-2（b）中电路，有：

$$C_X = \frac{1}{f_C \cdot (R_1 + 2R_2) \cdot \ln 2} \tag{20-2}$$

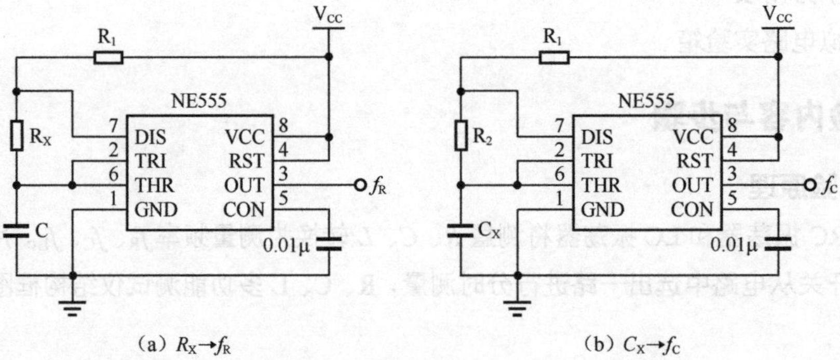

图 20-2　用 555 定时器构成的振荡器将 R_X、C_X 转换为 f_R、f_C

LC 振荡器采用电容三点式电路，如图 20-3 所示。晶体三极管可选 S9013 或 S9014 等高频管。

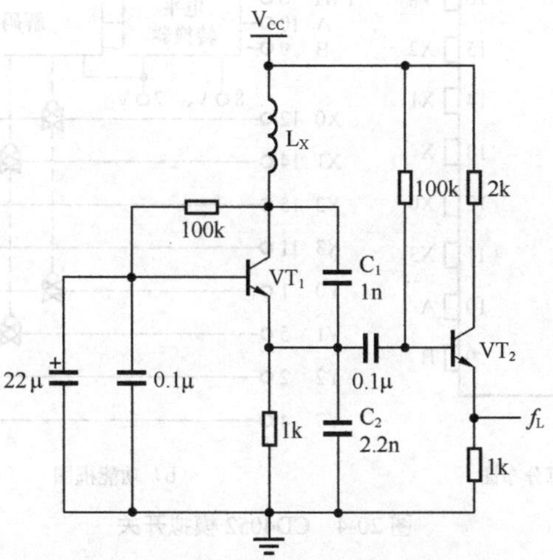

图 20-3　电容三点式 LC 振荡器原理图

该电路振荡频率 f_L：

$$f_L = \frac{1}{2\pi\sqrt{L_X C}} \tag{20-3}$$

式 20-3 中：

$$C = \frac{C_1 C_2}{C_1 + C_2} \tag{20-4}$$

得：

$$L_X = \frac{1}{4\pi^2 f_L^2 C} \tag{20-5}$$

若 L_X=10μH，则 f_L=1.92MHz。

相比 f_R、f_C，f_L 较高，所以 f_L 应经分频器分频后再去计数。

（2）选择数据选择器或模拟开关

数据选择器和模拟开关都相当于一个单刀多掷的开关，可根据“地址”不同（或开关控制电压的高低）从多路输入信号中选中一路作为输出。但二者是有区别的，数据选择器只能传输数字信号，即使输入为模拟信号（如正弦波），通过它以后，也被整形成数字信号。而模拟开关则不同，它可以传输模拟信号，输入为正弦波，输出仍为正弦波。在本实验中，因为 R_X、C_X、L_X 都被转换为频率量，所以用数据选择器或模拟开关都可以。

常用的数据选择器有 74151、74152、74153 等。常用的模拟开关有 CD4066、CD4051、CD4052 等，图 20-4（a）中所示 CD4052 的引脚分布图，图 20-4（b）所示为 CD4052 的功能框图，表 20-1 所示为 CD4052 的功能真值表。根据这些资料，可自行设计电路。

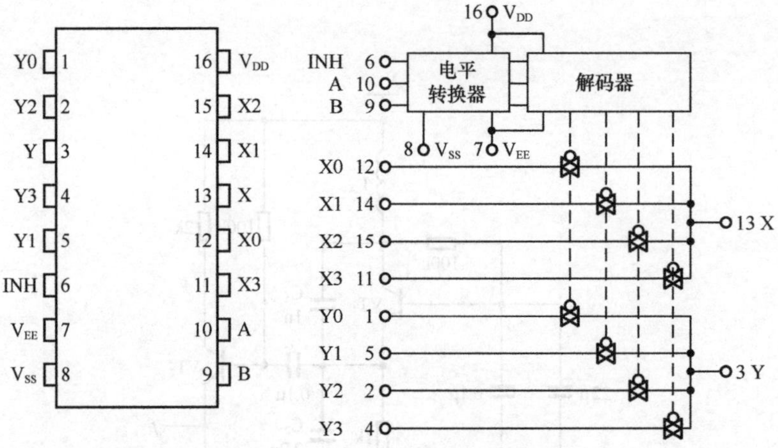

（a）引脚分布图　　（b）功能框图

图 20-4　CD4052 模拟开关

表 20-1　CD4052 功能真值表

控制输入			输出状态	
INH	B	A	X	Y
0	0	0	X0	Y0
0	0	1	X1	Y1
0	1	0	X2	Y2
0	1	1	X3	Y3
1	X	X	—	

控制开关的不同输入，可得到不同的输出状态，从而选择不同频率，测量不同元器件值，所以，建议设计一种电路，选择不同的地址，使其分别点亮红灯、绿灯和黄灯（利用 CD4052 的另一组开关），以测试不同类型的元器件。

2. 设计要求

设计一个多功能测试仪，可测量 R、C、L。

（1）测量范围如下。

R：100Ω ~ 1MΩ。

C：100 ~ 10000pF。

L：100μH ~ 10mH。

（2）测量精度为±10%，并做误差分析。

（3）分两个量程进行测试，用数码管显示测试结果。

（4）分别用红、绿、黄三种指示灯指示，测试元器件的类型。

（5）进行计算机仿真。

（6）得出硬件测试结果。

（7）设计 PCB 图。

（8）撰写实验报告。

四、思考题

1. 对于测试两个不同的量程，如何进行划分和转换？除被测元器件 R_X、C_X、L_X 以外，如何选择其他的元器件？

2. 频率计应如何设计？

3. 公式（20-1）、公式（20-2）、公式（20-5）得出的 $\frac{\Delta R_X}{R_X}$、$\frac{\Delta C_X}{C_X}$、$\frac{\Delta L_X}{L_X}$ 与哪些因素有关？

五、实验要求

计算机仿真后，搭建硬件电路，测试数据。

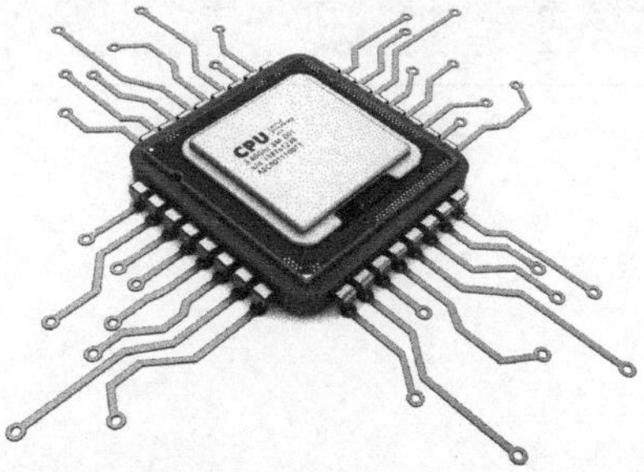

第三篇
数字电子技术实验

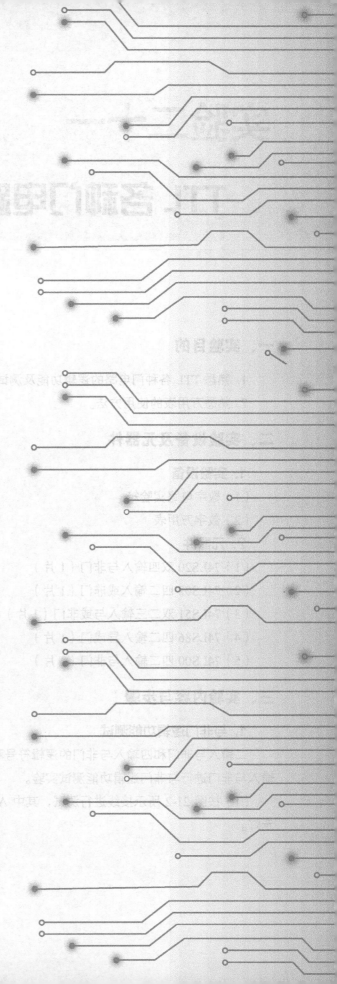

实验二十一

TTL 各种门电路功能测试

一、实验目的

1. 熟悉 TTL 各种门电路的逻辑功能及测试方法。
2. 熟悉万用表的使用方法。

二、实验设备及元器件

1. 实验设备

（1）数字电路实验箱

（2）数字万用表

2. 元器件

（1）74LS20 双四输入与非门（1 片）

（2）74LS02 四二输入或非门（1 片）

（3）74LS51 双二三输入与或非门（1 片）

（4）74LS86 四二输入异或门（1 片）

（5）74LS00 四二输入与非门（2 片）

三、实验内容与步骤

1. 与非门逻辑功能测试

二输入与非门和四输入与非门的逻辑符号和运算符号如图 21-1 所示。用 74LS20 双四输入与非门进行与非门逻辑功能测试实验。

（1）按图 21-2 所示接线进行测试，其中 A、B、C、D 接开关电平输出，Y 接电平指示灯。

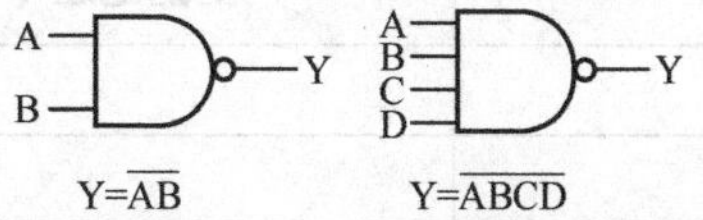

图 21-1　二输入与非门和四输入与非门的逻辑符号和运算符号

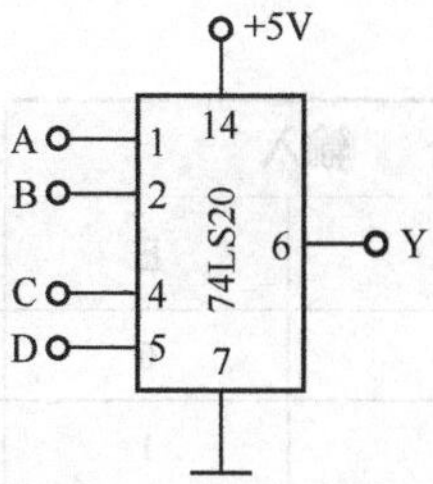

图 21-2　与非门逻辑功能测试接线

（2）如表 21-1 所示，利用电平输出开关改变输入端 A、B、C、D 的逻辑状态，借助电平指示灯和万用表观测各相应输出端 Y 的逻辑状态及电压值，并将测试结果填入表 21-1 中。

表 21-1　与非门逻辑功能测试

输入				输出	
A	B	C	D	Y 的逻辑状态	Y 的电压（V）
0	0	0	0		
0	0	0	1		
0	0	1	1		
0	1	1	1		
1	1	1	1		

2. 或非门逻辑功能测试

二输入或非门的逻辑符号和运算符号如图 21-3 所示。用 74LS02 四二输入或非门进行实验。

（1）按图 21-4 所示接线进行测试，其中 A、B 接开关电平输出，Y 接电平指示灯。

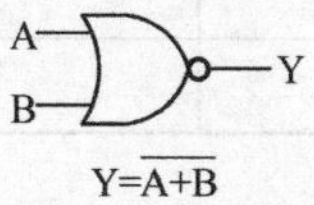

图 21-3　二输入或非门的逻辑符号和运算符号

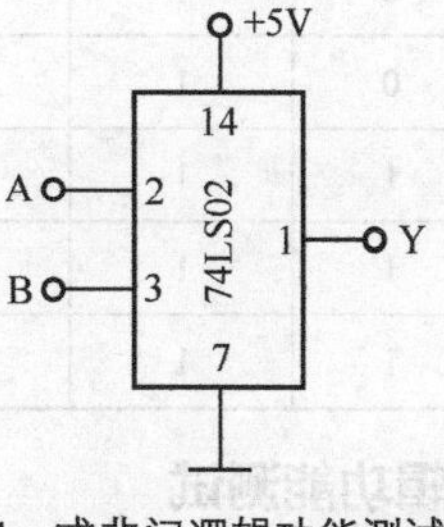

图 21-4　或非门逻辑功能测试接线

（2）如表 21-2 所示，利用电平输出开关改变输入端 A、B 的逻辑状态，借助电平指示灯和万用表观测各相应输出端 Y 的逻辑状态及电压值，并将测试结果填入表 21-2 中。

表 21-2　或非门逻辑功能测试

输入		输出	
A	B	Y 的逻辑状态	Y 的电压（V）
0	0		
0	1		

续表

输入		输出	
A	B	Y 的逻辑状态	Y 的电压（V）
1	0		
1	1		

3. 与或非门逻辑功能测试

与或非门的逻辑符号和运算符号如图 21-5 所示。用 74LS51 双二三输入与或非门进行实验。

（1）按图 21-6 所示接线进行测试，其中 A、B、C、D 接开关电平输出，Y 接电平指示灯。

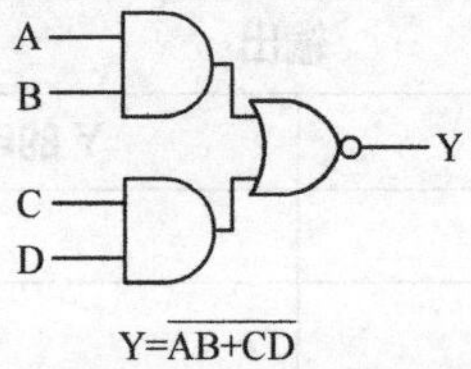

图 21-5　与或非门的逻辑符号和运算符号

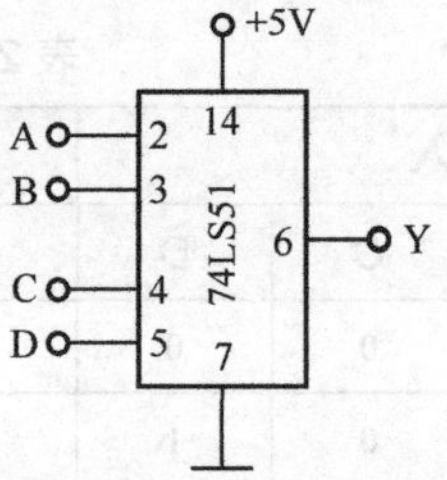

图 21-6　与或非门逻辑功能测试连线

（2）如表 21-3 所示，利用电平输出开关改变输入端 A、B、C、D 的逻辑状态，借助电平指示灯和万用表观测各对应输出端 Y 的逻辑状态及电压值，并把测试结果填入表 21-3 中。

表 21-3　与或非门逻辑功能测试

输入				输出	
A	B	C	D	Y 的逻辑状态	Y 的电压（V）
0	0	0	0		
0	0	0	1		
0	1	0	1		
0	0	1	1		
0	1	1	1		
1	1	1	1		

4. 异或门逻辑功能测试

异或门的逻辑符号和运算符号如图 21-7 所示。用 74LS86 四二输入异或门进行实验。

（1）按图 21-8 所示接线进行测试，其中 A、B 接开关电平输出，Y 接电平指示灯。

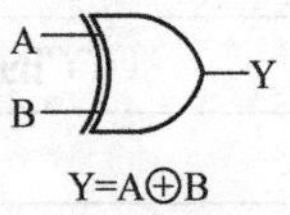

图 21-7　异或门的逻辑符号和运算符号

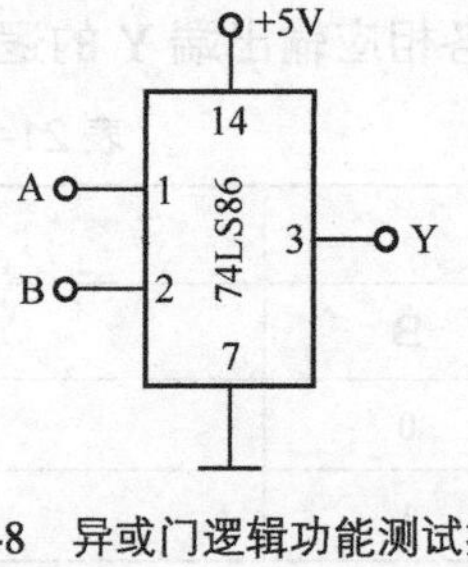

图 21-8　异或门逻辑功能测试接线

（2）如表 21-4 所示，利用电平输出开关改变输入端 A、B 的逻辑状态，借助指示灯和万用表观测各对应输出端 Y 的逻辑状态及电压值，并把测试结果填入表 21-4 中。

表 21-4　异或门逻辑功能测试

输入		输出	
A	B	Y 的逻辑状态	Y 的电压（V）
0	0		
0	1		
1	0		
1	1		

5. 利用 74LS00 四二输入与非门实现电路

利用 74LS00 四二输入与非门实现"与电路""或电路""或非电路""异或电路""同或电路"，要写出以上各电路的逻辑表达式和真值表，画出用 74LS00 四二输入与非门实现的逻辑图并在实验箱上加以验证。

四、思考题

1. 试用最少的二输入与非门，在同一电路中实现下列函数，在实验报告中画出其逻辑图。

① $S=A\oplus B$

② $C=AB$

2. TTL 与非门的一个输入端接连续脉冲，其他端为何状态时禁止脉冲通过？为何状态时允许脉冲通过？通过的脉冲与原脉冲有何区别？

3. 为什么异或门又称可控反相门？

五、实验要求

1. 将实验结果填入相应表中。

2. 分析各门电路的逻辑功能。

3. 独立完成实验，完成思考题，提交完整的实验报告。

实验二十二

组合逻辑电路分析

一、实验目的

1. 掌握组合逻辑电路的分析方法。

2. 验证半加器、全加器、半减器、全减器、奇偶校验器、原码/反码转换器的逻辑功能。

二、实验设备及元器件

1. 实验设备

1. 数字电路实验箱

2. 数字万用表

2. 元器件

（1）74LS00 四二输入与非门（3 片）

（2）74LS86 四二输入异或门（1 片）

三、实验内容与步骤

1. 分析验证半加器的逻辑功能

（1）图 22-1 所示为半加器的逻辑电路图，用两片 74LS00 实现半加器的逻辑功能。为方便接线，图 22-1 中已标注 74LS00 的引脚。

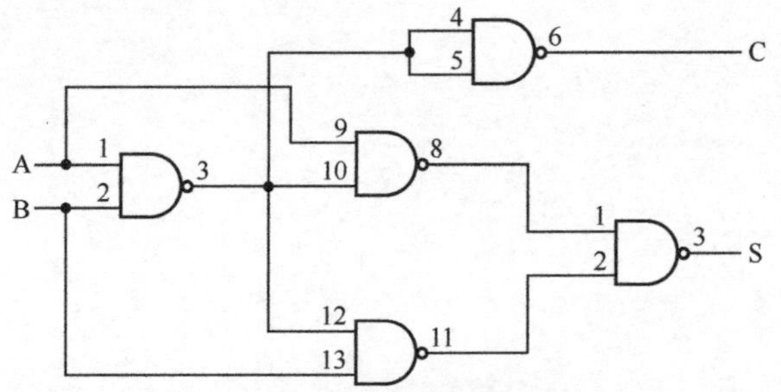

图 22-1　半加器的逻辑电路

（2）写出该电路的逻辑表达式，列出真值表。

（3）按表 22-1 所示改变 A、B 的逻辑状态，观测相应输出 S、C 的逻辑状态并填入表 22-1 中。

（4）将表 22-1 与理论分析列出的真值表进行比较，验证半加器的逻辑功能。

表 22-1　验证半加器的逻辑功能

输入		输出	
A	B	S	C
0	0		
0	1		
1	0		
1	1		

2. 分析验证全加器的逻辑功能

（1）用 3 片 74LS00 按图 22-2 所示接线，其中 A_n、B_n、C_{n-1} 接开关电平输出，S_n、C_n 接电平指示灯。为方便接线，图 22-2 中已标注 74LS00 的引脚。

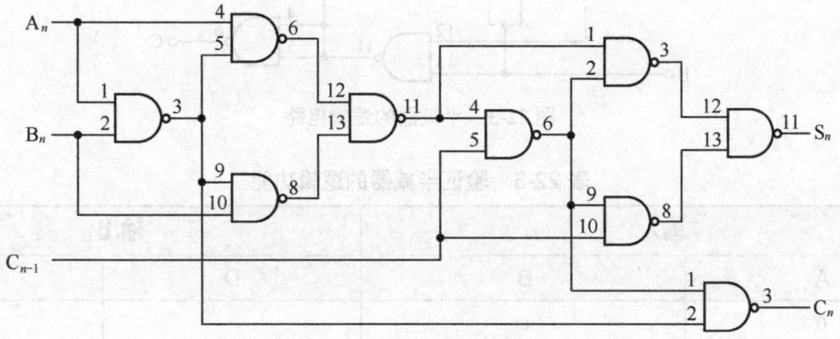

图 22-2　全加器的逻辑电路

（2）分析该电路，写出 S_n、C_n 的逻辑表达式，列出真值表。

表 22-2　验证全加器的逻辑功能

输入			输出	
A_n	B_n	C_{n-1}	S_n	C_n
0	0	0		
0	0	1		
0	1	0		
0	1	1		
1	0	0		
1	0	1		
1	1	0		
1	1	1		

（3）如表 22-2 所示，利用电平输出开关改变 A_n、B_n、C_{n-1} 的输入状态，借助指示灯观测 S_n、C_n 的逻辑状态并填入表 22-2 中。

（4）将表 22-2 中的值与理论分析列出的真值表加以比较，验证全加器的逻辑功能。

3. 分析验证半减器的逻辑功能

（1）用 2 片 74LS00 实现如图 22-3 所示的半减器的逻辑电路，其中 A、B 接开关电平输出，D、C 接电平指示灯。

（2）分析该电路，写出 D、C 的逻辑表达式，列出真值表。

（3）如表 22-3 所示，利用电平输出开关改变 A、B 的输入状态，借助指示灯观测 D、C 的值并填入表 22-3 中。

（4）将表 22-3 与理论分析列出的真值表进行比较，验证半减器的逻辑功能。

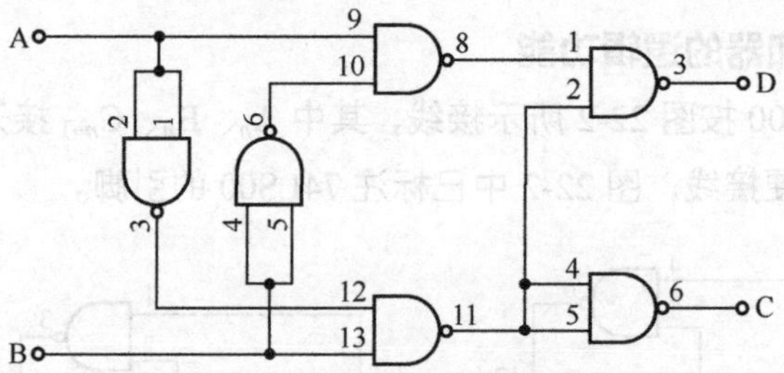

图 22-3　半减器的逻辑电路

表 22-3　验证半减器的逻辑功能

输入		输出	
A	B	D	C
0	0		
0	1		
1	0		
1	1		

4. 分析验证全减器的逻辑功能

（1）用 1 片 74LS86 和 2 片 74LS00 实现如图 22-4 所示的全减器的逻辑电路，其中 A_n、B_n、C_{n-1} 接开关电平输出，D_n、C_n 接电平指示灯。

（2）分析该电路，写出 D_n、C_n 的逻辑表达式，列出真值表。

（3）如表 22-4 所示，利用电平输出开关改变 A_n、B_n、C_{n-1} 的输入状态，借助指示灯观测输出 D_n、C_n 的逻辑状态并填入表 22-4 中。

（4）将表 22-4 中的值与理论分析列出的真值表进行比较，验证全减器的逻辑功能。

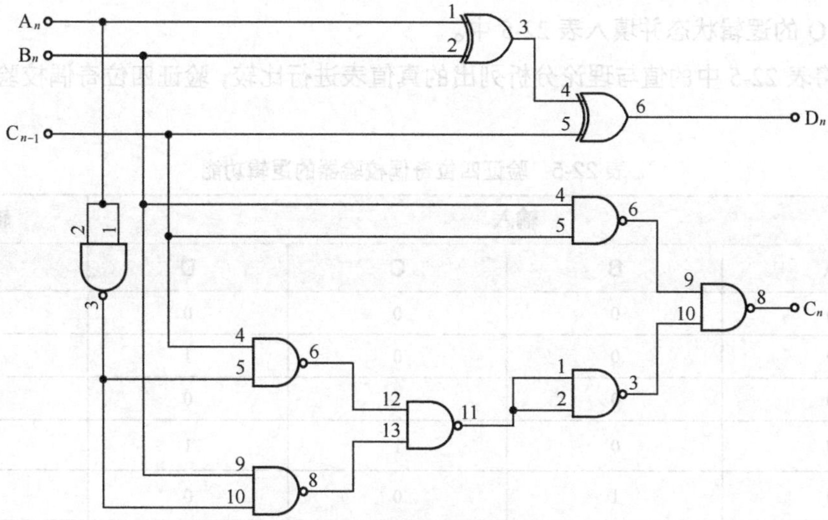

图 22-4　全减器的逻辑电路

表 22-4　验证全减器的逻辑功能

输入			输出	
A_n	B_n	C_{n-1}	D_n	C_n
0	0	0		
0	0	1		
0	1	0		
0	1	1		
1	0	0		
1	0	1		
1	1	0		
1	1	1		

5. 分析验证四位奇偶校验器的逻辑功能

（1）用 74LS86 实现如图 22-5 所示的四位奇偶校验器电路，其中 A、B、C、D 接开关电平输出，Q 接电平指示灯。

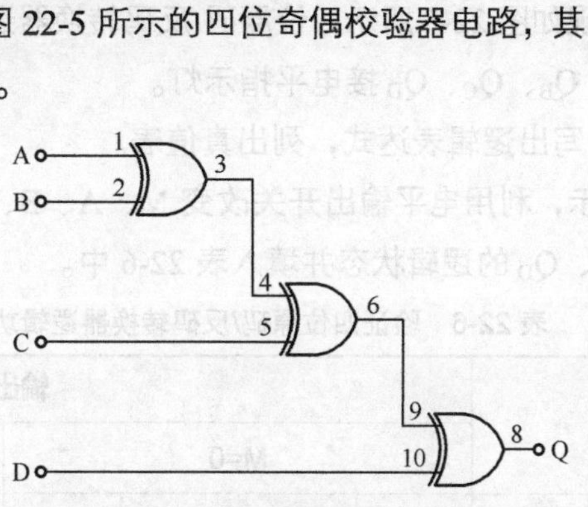

图 22-5　四位奇偶校验器的逻辑电路

（2）分析该电路，写出逻辑表达式，列出真值表。

（3）如表 22-5 所示，利用电平输出开关改变 A、B、C、D 的输入状态，借助指示灯观测输出 Q 的逻辑状态并填入表 22-5 中。

（4）将表 22-5 中的值与理论分析列出的真值表进行比较，验证四位奇偶校验器的逻辑功能。

表 22-5　验证四位奇偶校验器的逻辑功能

输入				输出
A	B	C	D	Q
0	0	0	0	
0	0	0	1	
0	0	1	0	
0	0	1	1	
0	1	0	0	
0	1	0	1	
0	1	1	0	
0	1	1	1	
1	0	0	0	
1	0	0	1	
1	0	1	0	
1	0	1	1	
1	1	0	0	
1	1	0	1	
1	1	1	0	
1	1	1	1	

6. 分析验证四位原码/反码转换器的逻辑功能

（1）用 74LS86 实现如图 22-6 所示四位原码/反码转换器逻辑电路，其中 A、B、C、D 接开关电平输出，Q_A、Q_B、Q_C、Q_D 接电平指示灯。

（2）分析该电路，写出逻辑表达式，列出真值表。

（3）如表 22-6 所示，利用电平输出开关改变 M、A、B、C、D 的输入状态，借助指示灯观测 Q_A、Q_B、Q_C、Q_D 的逻辑状态并填入表 22-6 中。

表 22-6　验证四位原码/反码转换器逻辑功能

输入				输出							
				M=0				M=1			
A	B	C	D	Q_A	Q_B	Q_C	Q_D	Q_A	Q_B	Q_C	Q_D
0	0	0	0								
0	0	0	1								

续表

输入				输出							
				M=0				M=1			
A	B	C	D	Q_A	Q_B	Q_C	Q_D	Q_A	Q_B	Q_C	Q_D
0	0	1	1								
0	1	1	1								
1	1	1	1								

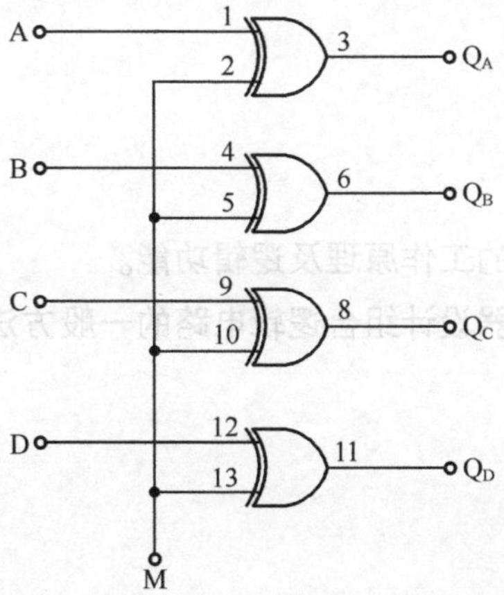

图 22-6　四位原码/反码转换器的逻辑电路

（4）将表 22-6 中的值和理论分析列出的真值表进行比较，验证该四位原码/反码转换器的逻辑功能。

四、思考题

什么是“竞争 – 冒险”现象？它是如何引起的？怎样消除它？

五、实验要求

1. 将各组合逻辑电路的观测结果填入表格中。
2. 分析各组合逻辑电路的逻辑功能。
3. 学会使用与非门设计半加器、全加器、半减器、全减器。
4. 独立完成实验，完成思考题，提交完整的报告。

实验二十三

3 线-8 线译码器

一、实验目的

1. 掌握 3 线-8 线译码器的工作原理及逻辑功能。
2. 掌握用 3 线-8 线译码器设计组合逻辑电路的一般方法。

二、实验设备及元器件

1. 实验设备

（1）数字电路实验箱

（2）数字万用表

2. 元器件

（1）74LS138 3 线-8 线译码器（2 片）

（2）74LS20 二四输入与非门（1 片）

三、实验内容与步骤

1. 中规模集成电路 74LS138 逻辑功能测试

74LS1383 线-8 线译码器的逻辑框图如图 23-1 所示，将 74LS138 的三个输入端 A_0、A_1、A_2 和三个控制端 S_1 、$\overline{S_2}$ 、$\overline{S_3}$ 接逻辑开关，将八个输出端接电平指示灯，按表 23-1 中的顺序改变各输入端及控制端的状态，观察 74LS138 的译码的输出，结果填入表 23-1 中。

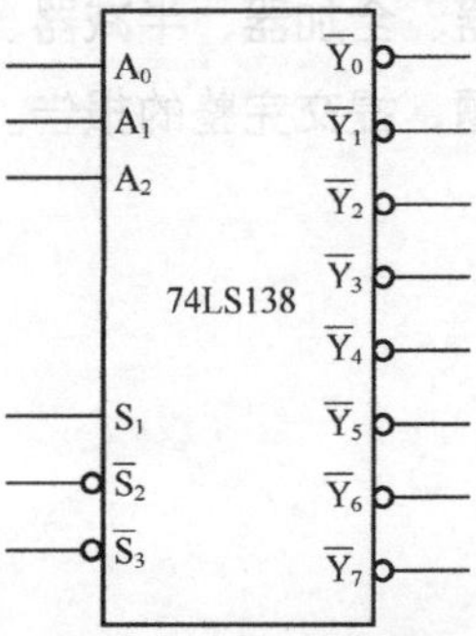

图 23-1　3 线-8 线译码器

表 23-1　3 线-8 线译码器的输出

S_1	$\overline{S_2}$	$\overline{S_3}$	A_2	A_1	A_0	$\overline{Y_0}$	$\overline{Y_1}$	$\overline{Y_2}$	$\overline{Y_3}$	$\overline{Y_4}$	$\overline{Y_5}$	$\overline{Y_6}$	$\overline{Y_7}$
0	×	×	×	×	×								
×	1	1	×	×	×								
1	0	0	0	0	0								
1	0	0	0	0	1								
1	0	0	0	1	0								
1	0	0	0	1	1								
1	0	0	1	0	0								
1	0	0	1	0	1								
1	0	0	1	1	0								
1	0	0	1	1	1								

2. 3 线-8 线译码器的级联（4 线-16 线译码器）

按图 23-2 所示连接电路，自拟表格，测试 4 线-16 线译码器的逻辑功能。

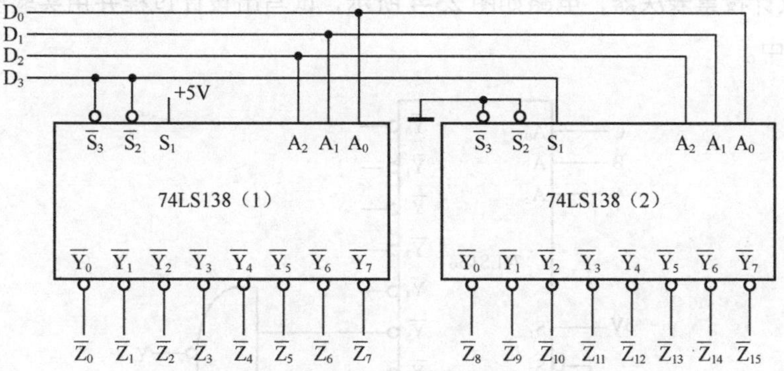

图 23-2　用 2 片 74LS138 级联接成四-十六线译码器

3. 用 3 线-8 线译码器设计组合逻辑电路

（1）全加器

如图 23-3 所示，用 74LS138 3 线-8 线译码器和 74LS20 二四输入与非门构成一个全加器，将 3 个输入端接逻辑开关，2 个输出端接电平指示灯，写出逻辑表达式，验证其逻辑功能，将结果填入表 23-2 中。

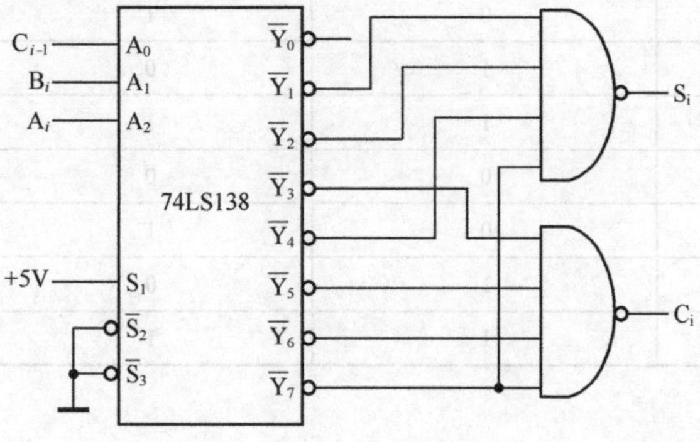

图 23-3　用 74LS138 构成全加器

表 23-2　全加器的逻辑功能

A_n	B_n	C_{n-1}	S_i	C_i
0	0	0		
0	0	1		
0	1	0		
0	1	1		
1	0	0		
1	0	1		
1	1	0		
1	1	1		

（2）投票表决器

设有 3 人投票表决，A 有一票否决权，即 A 投反对票时一定不通过，投赞成票时 B、C 还至少有一人投赞成票才能通过。现规定赞成票用 1 表示，即通过用 1 表示，用 74LS138 和 74LS20 设计投票表决器，电路如图 23-4 所示，试写出设计过程并用实验验证，将结果填入表 23-3 中。

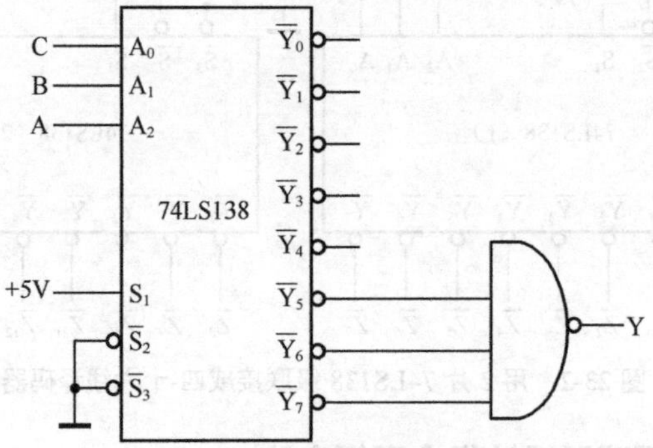

图 23-4　用 74LS138 构成投票表决器

表 23-3　投票表决器的逻辑功能

A	B	C	Y
0	0	0	
0	0	1	
0	1	0	
0	1	1	
1	0	0	
1	0	1	
1	1	0	
1	1	1	

（3）多输出函数

用 74LS138 和 74LS20 设计一个多输出函数，如图 23-5 所示，$Z_1=\overline{BC}+AB\overline{C}$，

$Z_2=\overline{AB}C+A\overline{BC}+BC$，试写出设计过程并用实验验证，将结果填入表 23-4 中。

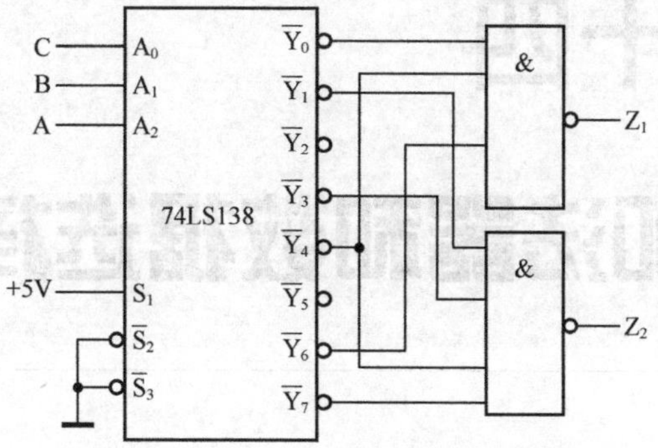

图 23-5　用 74LS138 设计多输出函数

表 23-4　多输出函数逻辑功能

A	B	C	Z_1	Z_2
0	0	0		
0	0	1		
0	1	0		
0	1	1		
1	0	0		
1	0	1		
1	1	0		
1	1	1		

四、思考题

1. 试用 4 片 3 线-8 线译码器和必要的门电路组成 5 线-32 线译码器，画出逻辑电路图。

2. 试用 3 线-8 线译码器和与非门电路产生一个多输出逻辑函数，函数关系如下，写出设计过程，画出逻辑电路图。

$Z_1=AC$；$Z_2=\overline{AB}C+A\overline{BC}+BC$；$Z_3=\overline{BC}+AB\overline{C}$。

五、实验要求

1. 画出实验内容中的逻辑图，列出相应的实测真值表。

2. 总结译码器的逻辑功能并学会灵活应用。

3. 独立完成实验，完成思考题，提交完整的报告。

实验二十四

集成加法器和数据选择器

一、实验目的

1. 掌握中规模集成电路四位二进制加法器和数据选择器的工作原理及逻辑功能。

2. 掌握用加法器和数据选择器设计组合逻辑电路的一般方法。

二、实验设备及元器件

1. 实验设备

（1）数字电路实验箱

（2）数字万用表

2. 元器件

（1）74LS283 四位二进制加法器（1 片）

（2）74LS151 八选一数据选择器（1 片）

三、实验内容与步骤

1. 测试四位二进制加法器 74LS283 的逻辑功能

四位二进制加法器 74LS283 的逻辑框图如图 24-1 所示。将四位二进制加法器 74LS283 的输入端接逻辑开关，输出端接电平指示灯，按表 24-1 中的顺序设置各输入端的逻辑状态，观察并记录各输出端的逻辑状态，验证其加法功能，将结果填入表 24-1 中。

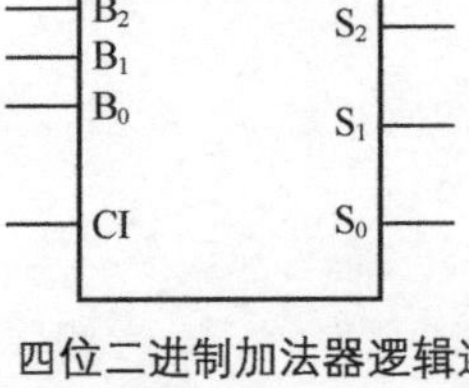

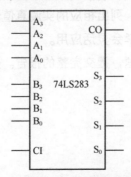

图 24-1　四位二进制加法器逻辑逻辑框图

表 24-1 四位二进制加法器逻辑功能

输入									输出				
A_3	A_2	A_1	A_0	B_3	B_2	B_1	B_0	CI	S_3	S_2	S_1	S_0	CO
0	0	0	1	0	0	0	1	1					
0	1	0	0	0	0	1	1	0					
1	0	0	0	0	1	1	1	1					
1	0	0	1	1	0	0	0	0					
1	0	1	1	0	1	0	1	1					
1	1	0	0	0	1	1	0	0					
1	1	0	1	0	1	0	0	1					
1	1	1	1	1	1	1	1	0					

2. 用加法器构成 8421 BCD 码到余 3 码的转换器

8421 BCD 码到余 3 码的转换电路如图 24-2 所示，用加法器构成一个 8421 BCD 码到余 3 码的转换器，将输入 D、C、B、A 接逻辑开关，将输出 Y_3、Y_2、Y_1、Y_0 接电平指示灯，按表 24-2 中的顺序在输入端输入 BCD 码，观察输出的余 3 码，将结果填入表 24-2 中。

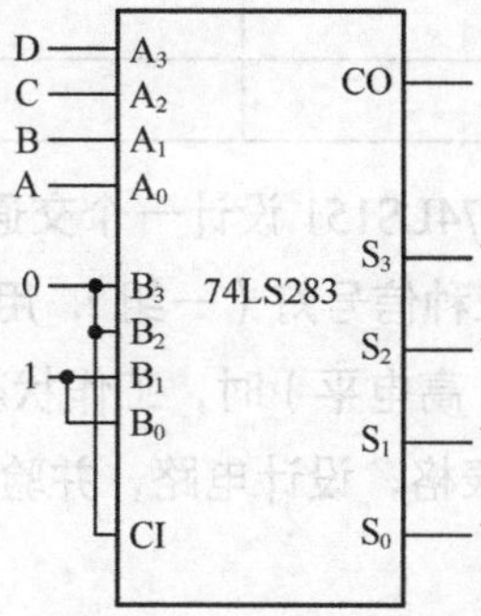

图 24-2 8421 BCD 码到余 3 码的转换电路

表 24-2 8421 BCD 码到余 3 码的转换

DCBA	$Y_3Y_2Y_1Y_0$	DCBA	$Y_3Y_2Y_1Y_0$
0000		0101	
0001		0110	
0010		0111	
0011		1000	
0100		1001	

3. 用数据选择器设计组合逻辑函数

（1）八选一数据选择器 74LS151 的逻辑符号如图 24-3 所示。用八选一数据选择器 7LS151 设计一个组合逻辑函数 $L=A\overline{B}+B\overline{C}+\overline{A}C$，电路如图 24-4 所示。将输入 A、B、C 接逻辑开关，输出 L 接电平指示灯，按表 24-3 中的顺序设置各输入端的状态，观察并记录输出 L 的状态，结果填入表 24-3 中，验证组合逻辑函数关系。

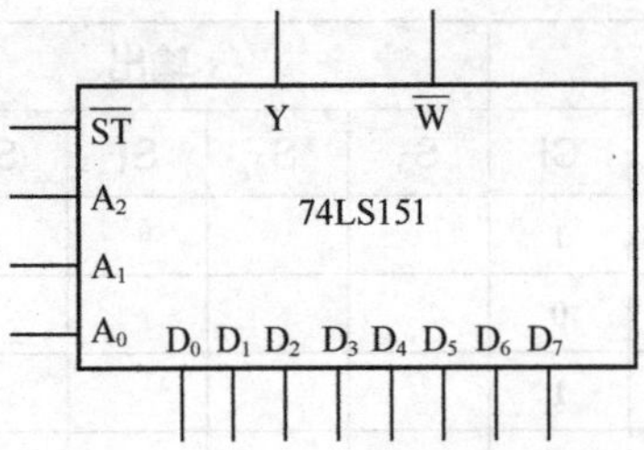

图 24-3　八选一数据选择器逻辑符号

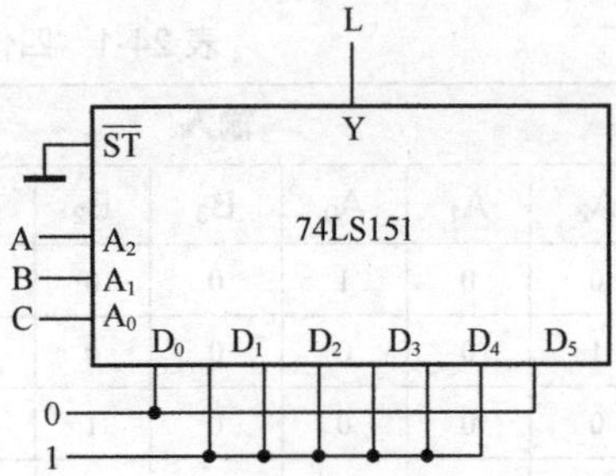

图 24-4　用八选一数据选择器构成组合逻辑函数的电路

表 24-3　用数据选择器构成组合逻辑函数

A	B	C	L
0	0	0	
0	0	1	
0	1	0	
0	1	1	
1	0	0	
1	0	1	
1	1	0	
1	1	1	

（2）用集成八选一数据选择器 74LS151 设计一个交通信号灯工作状态监视电路。要求分别用 R、G、Y 表示红、绿、黄三种信号灯（一组），用 L 表示报警输出信号，当 R、G、Y 3 种信号灯中有且只有一个灯亮（高电平）时，工作状态才算正常，无报警信号（L=0），否则发出报警信号（L＝1）。自拟表格，设计电路，并验证电路。

四、思考题

1. 用数据选择器设计组合逻辑电路和用三-八译码器设计组合逻辑电路的方法有何异同?

2. 试用 2 片八选一数据选择器 74LS151 构成一个十六选一数据选择器。

3. 试用八选一数据选择器和必要的门电路构成如下四输入逻辑函数，$Y=AB+B\overline{C}+A\overline{D}$。

五、实验要求

1. 整理实验数据填入表中。

2. 分析实验结果。

3. 分析加法器和数据选择器的逻辑功能。

4. 独立完成实验，完成思考题，提交完整的报告。

实验二十五

触发器

一、实验目的

1. 掌握D触发器和JK触发器的逻辑功能及触发方式。

2. 熟悉现态（初始状态）和次态的概念及两种触发器的次态方程。

3. 掌握T、JK、D触发器之间的相互转换。

二、实验设备及元器件

1. 实验设备

（1）数字电路实验箱

（2）数字万用表

2. 元器件

（1）74LS74 D触发器（1片）

（2）74LS112 JK触发器（1片）

（3）74LS00 四二输入与非门（1片）

三、实验内容与步骤

1. 74LS74 D触发器逻辑功能测试

（1）置位端（$\overline{S}_d$）、复位端（$\overline{R}_d$）功能测试。

74LS74 D触发器的逻辑框图如图25-1所示，其中$\overline{S}_d$、$\overline{R}_d$分别接高、低电平输出，CP接单脉冲信号，Q、$\overline{Q}$接电平指示灯。利用逻辑开关如表25-1所示改变$\overline{S}_d$、$\overline{R}_d$的逻辑状态（D、CP状态随意），借助指示灯观测相应的状态Q、$\overline{Q}$，将结果记入表25-1中。

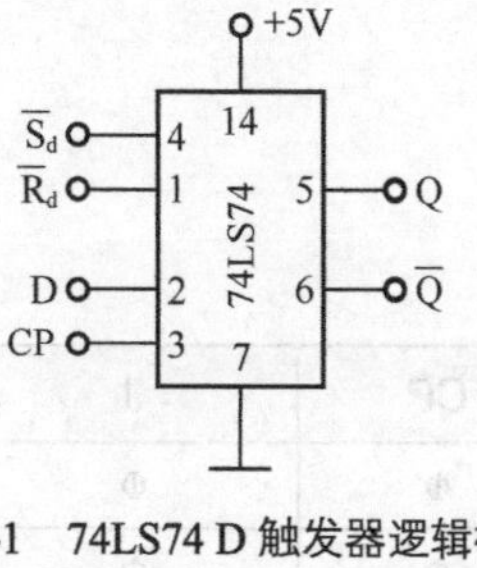

图25-1　74LS74 D触发器逻辑框图

表 25-1　D 触发器置位端与复位端功能测试

CP	D	$\overline{R}_d$	$\overline{S}_d$	Q	$\overline{Q}$
Φ	Φ	1	1→0		
Φ	Φ	1	0→1		
Φ	Φ	1→0	1		
Φ	Φ	0→1	1		
Φ	Φ	0	0		

注：Φ 为任意状态。

（2）D 端与 CP 端功能测试

如图 25-1 所示，从 CP 端输入单脉冲信号，如表 25-2 所示，利用逻辑开关改变各端状态，将测试结果记入表 25-2 中。

表 25-2　D 端与 CP 端功能测试

D	$\overline{R}_d$	$\overline{S}_d$	CP	Q^*	
				Q=0	Q=1
0	1	1	↑		
	1	1	↓		
1	1	1	↑		
	1	1	↓		

2. 74LS112 JK 触发器逻辑功能测试

（1）置位端（$\overline{S}_d$）、复位端（$\overline{R}_d$）功能测试

按图 25-2 所示接线，利用逻辑开关按表 25-3 所示改变 $\overline{S}_d$ 和 $\overline{R}_d$ 的状态，J、K、CP（不用脉冲）可以为任意状态，借用指示灯观察 Q、$\overline{Q}$ 端状态，并将结果记入表 25-3 中。

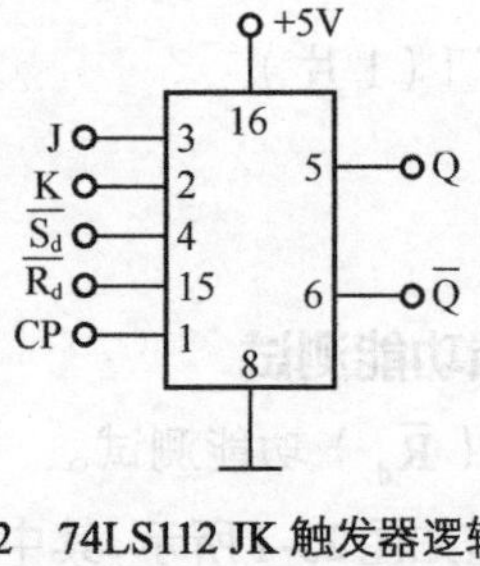

图 25-2　74LS112 JK 触发器逻辑框图

表 25-3　JK 触发器置位端和复位端功能测试

CP	J	K	$\overline{S}_d$	$\overline{R}_d$	Q	$\overline{Q}$
Φ	Φ	Φ	1→0	1		
Φ	Φ	Φ	0→1	1		
Φ	Φ	Φ	1	1→0		
Φ	Φ	Φ	1	0→1		
Φ	Φ	Φ	0	0		

（2）翻转功能测试

在图 25-2 中，从 CP 端输入单脉冲信号，按表 25-4 所示利用逻辑开关改变各端状态，借助指示灯观测 Q、$\overline{Q}$ 端状态，并将结果记入表 25-4 中。

表 25-4　翻转功能测试

J	K	$\overline{S}_d$	$\overline{R}_d$	CP	Q^*	
					Q=0	Q=1
0	0	1	1	↑		
				↓		
0	1	1	1	↑		
				↓		
1	0	1	1	↑		
				↓		
1	1	1	1	↑		
				↓		

3. 用 74LS112 JK 触发器和 74LS00 与非门构成 D 触发器

如图 25-3 所示，从 CP 端输入单脉冲信号，按表 25-5 所示利用逻辑开关改变各端状态，借助电平指示灯观测 Q 端状态，并将结果记入表 25-5 中。

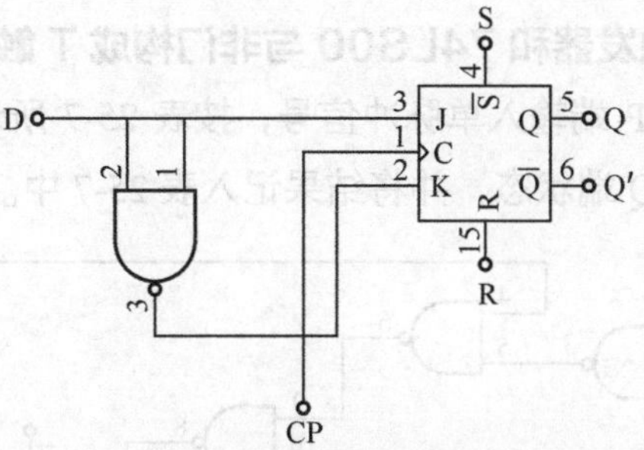

图 25-3　用 JK 触发器和与非门构成 D 触发器

表 25-5　用 JK 触发器和与非门构成 D 触发器的逻辑功能

D	$\overline{S}_d$	$\overline{R}_d$	CP	Q^*	
				Q=0	Q=1
0	1	1	↑		
	1	1	↓		
1	1	1	↑		
	1	1	↓		

4. 用 74LS74 D 触发器和 74LS00 与非门构成 JK 触发器

如图 25-4 所示，从 CP 端输入单脉冲信号，按表 25-6 所示利用逻辑开关改变各端状态，借助电平指示灯观测 Q 端状态，并将结果记入表 25-6 中。

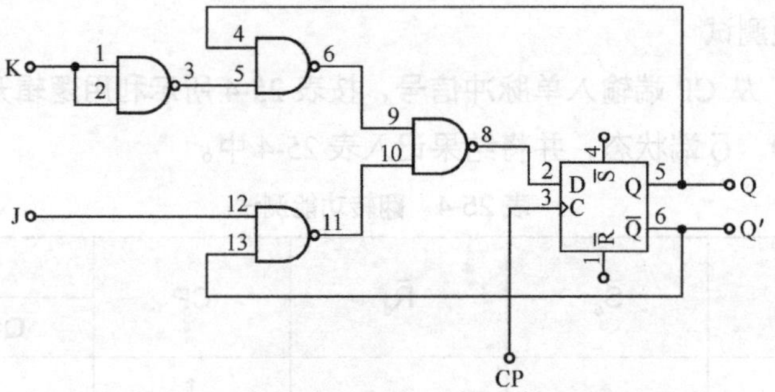

图 25-4　用 D 触发器和与非门构成 JK 触发器

表 25-6　用 D 触发器和与非门构成 JK 触发器的逻辑功能

J	K	$\bar{S}_d$	$\bar{R}_d$	CP	Q^{n+1}	
					Q^n=0	Q^n=1
0	0	1	1	↑		
				↓		
0	1	1	1	↑		
				↓		
1	0	1	1	↑		
				↓		
1	1	1	1	↑		
				↓		

5. 用 74LS74 D 触发器和 74LS00 与非门构成 T 触发器

如图 25-5 所示，从 CP 端输入单脉冲信号，按表 25-7 所示利用逻辑开关改变各端状态，借助电平指示灯观测 Q 端状态，并将结果记入表 25-7 中。

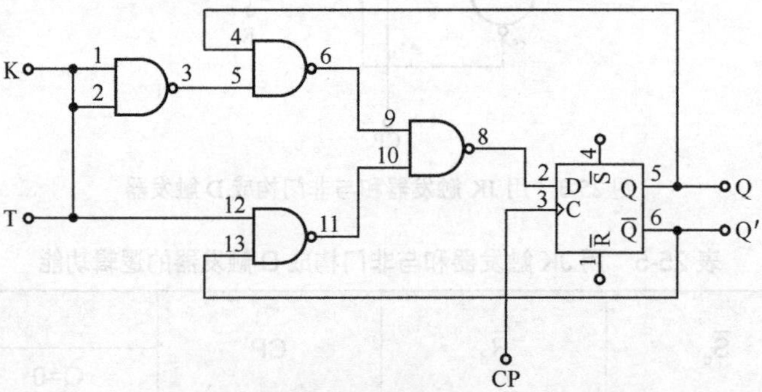

图 25-5　用 D 触发器和与非门构成 T 触发器

表 25-7　用 D 触发器和与非门构成 T 触发器的逻辑功能

T	$\bar{S}_d$	$\bar{R}_d$	CP	Q^{n+1}	
				Q^n=0	Q^n=1
0	1	1	↑		
			↓		
1	1	1	↑		
			↓		

四、思考题

1. 试分别写出同步 RS 触发器、JK 触发器、T 触发器、D 触发器的特性方程。

2. 试用 JK 触发器构成 T 触发器，画出电路图，并比较用 D 触发器和用 JK 触发器构成 T 触发器有何异同，说明原因。

五、实验要求

1. 整理实验数据并填表。
2. 分析各触发器功能。
3. 独立完成实验，完成思考题，提交完整的报告。

实验二十六

计数器

一、实验目的

1. 掌握异步计数器的工作原理及输出波形。
2. 熟悉中规模集成电路计数器的逻辑功能、使用方法及应用。
3. 了解译码器和显示元器件的使用。

二、实验设备及元器件

1. 实验设备

（1）数字电路实验箱

（2）双踪示波器

（3）数字万用表

2. 元器件

（1）74LS90 二–五–十进制异步加法计数器（1 片）

（2）74LS112 JK 触发器（2 片）

（3）74LS00 四二输入与非门（1 片）

三、实验内容与步骤

1. 二–十进制异步加法计数器的测试

（1）用 2 片 74LS112 和 1 片 74LS00 实现如图 26-1 所示的逻辑电路，A、B 接开关电平输出，CP 端接单脉冲信号，Q_A、Q_B、Q_C、Q_D 接电平指示灯或译码器。

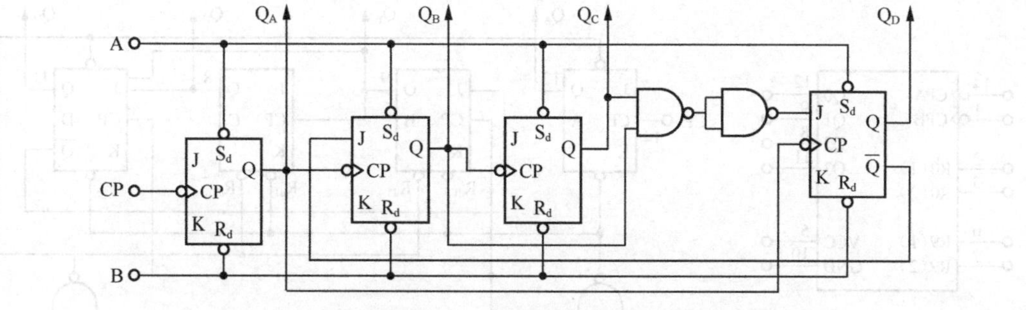

图 26-1　由触发器构成的二-十进制异步加法计数器逻辑电路

（2）R_d端清零，即将 Q_A、Q_B、Q_C、Q_D 置为 0、0、0、0，然后由 CP 端输入 10 个计数脉冲，观察 Q_D、Q_C、Q_B、Q_A 的显示结果，记入表 26-1 中。

表 26-1　二-十进制异步加法计数器逻辑功能

R_d	S_d	CP	二进制数 $Q_DQ_CQ_BQ_A$	十进制数
0	1	0		
1	1	1		
1	1	2		
1	1	3		
1	1	4		
1	1	5		
1	1	6		
1	1	7		
1	1	8		
1	1	9		
1	1	10		

（3）将 CP 端由单脉冲信号改接连续脉冲信号，频率调节到 10kHz。

用双踪示波器观察 Q_D、Q_C、Q_B、Q_A 各输出波形并记录，注意它们之间的相位关系。

2. 中规模集成电路计数器 74LS90 功能测试

74LS90 是二-五-十进制异步加法计数器，其逻辑电路如图 26-2 所示。$R_{0(1)}$、$R_{0(2)}$为置“0”端，$S_{9(1)}$、$S_{9(2)}$为置“9”端，它们分别通过与非门控制各触发器的预置端。由于两个与非门输出端不能直接相连，所以触发器 B、C 各有两个异步置“0”端 R_{d1}、R_{d2}。从逻辑图可看出 74LS90 电路由两部分组成，它们各自可独立的作为二进制计数器（触发器 A）和五进制计数器（触发器 B、C、D）使用。将 Q_A 与 CP_B 相连接，从 CP_A 输入计数脉冲信号，Q_D、Q_C、Q_B、Q_A 作为输出，则成为 8421 码十进制计数器；将 Q_D 与 CP_A 相连接，从 CP_B 端输入计数脉冲，Q_A、Q_D、Q_C、Q_B 作为输出，则成为 5421 码十进制计数器。

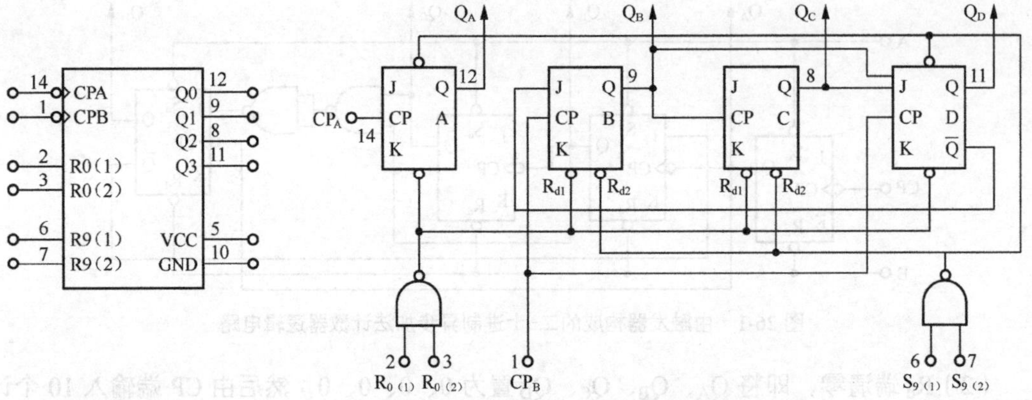

（a）逻辑框图　　（b）内部逻辑图

图 26-2　二-五-十进制异步加法计数器逻辑电路

（1）将 $R_{0(1)}$、$R_{0(2)}$、$S_{9(1)}$、$S_{9(2)}$接逻辑电平输出，Q_A、Q_B、Q_C、Q_D 接电平显示（指示灯），Q_A 接 CP_B，CP_A 端输入单脉冲信号，按表 26-2 所示测试置“0”（$Q_DQ_CQ_BQ_A$=0000）和置“9”（$Q_DQ_CQ_BQ_A$=1001）的功能。

表 26-2　二-五-十进制异步加法计数器逻辑功能测试 1

输入				输出			
$R_{0(1)}$	$R_{0(2)}$	$S_{9(1)}$	$S_{9(2)}$	Q_D	Q_C	Q_B	Q_A
1	1	0	0				
0	0	1	1				
1	1	1	1				
0	0	0	0	计数			

（2）将 Q_A 与 CP_B 相连，从 CP_A 端输入 10 个计数脉冲信号，观察 Q_D、Q_C、Q_B、Q_A 的显示结果，记入表 26-3 中。

表 26-3　二-五-十进制异步加法计数器逻辑功能测试 2

计数	输出			
	Q_D	Q_C	Q_B	Q_A
0	0	0	0	0
1				
2				
3				
4				
5				
6				
7				
8				
9				
10				

（3）将 Q_D 与 CP_A 相连，从 CP_B 端输入 10 个计数脉冲信号，观察 Q_A、Q_D、Q_C、Q_B 显示结果，记入表 26-4 中。

表 26-4　二-五-十进制异步加法计数器逻辑功能测试 3

计数	输出			
	Q_A	Q_D	Q_C	Q_B
0	0	0	0	0
1				
2				
3				
4				
5				
6				
7				
8				
9				
10				

3. 任意进制计数器设计方法

采用脉冲反馈法（也称复位法和置位法）可将任意 *M* 进制计数器改成 *N*（*M*≥*N*）进制计数器。

分别利用复位法（置 0 法）和置数法（置 9 法）将十进制计数器改成六进制计数器，按照图 26-3、图 26-4 接线，测试其功能。CP 端接单脉冲信号，输出端 Q_D、Q_C、Q_B、Q_A 接电平显示和 LED 数码管，将结果分别填入表 26-5 和表 26-6 中。

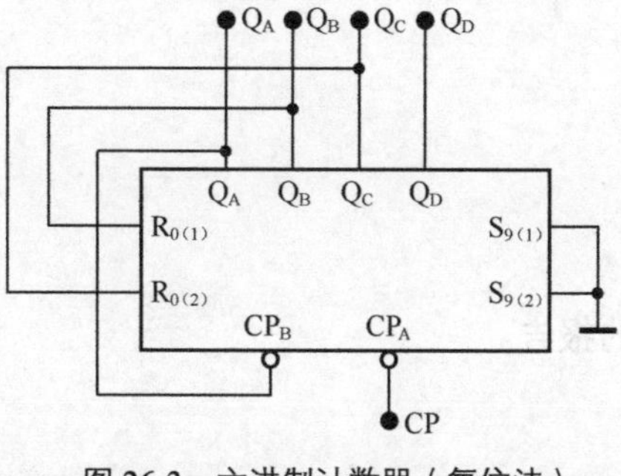

图 26-3　六进制计数器（复位法）

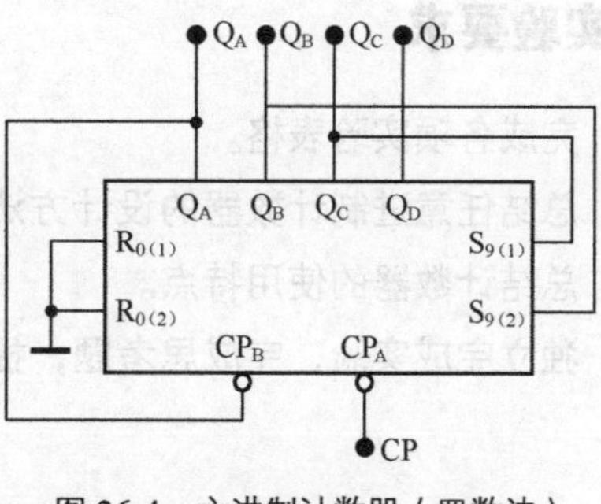

图 26-4　六进制计数器（置数法）

表 26-5　复位法

CP	二进制数	十进制数
	$Q_DQ_CQ_BQ_A$	LED 显示
0	0000	0
1		
2		

续表

CP	二进制数	十进制数
	$Q_DQ_CQ_BQ_A$	LED 显示
3		
4		
5		
6		

表 26-6 置位法

CP	二进制数	十进制数
	$Q_DQ_CQ_BQ_A$	LED 显示
0	0000	0
1		
2		
3		
4		
5		
6		

四、思考题

试用异步十进制计数器设计一个三百六十五进制计数器，画出接线电路图（所用计数器片数不限，可附加必要的门电路），写出设计过程。

五、实验要求

1. 完成各项实验表格。
2. 总结任意进制计数器的设计方法。
3. 总结计数器的使用特点。
4. 独立完成实验，完成思考题，提交完整的报告。

实验二十七

移位寄存器

一、实验目的

1. 掌握移位寄存器的工作原理，逻辑功能及应用。

2. 掌握二进制码的串行、并行转换技术和二进制码的传输。

二、实验设备及元器件

1. 实验设备

1. 数字电路实验箱

2. 数字万用表

2. 元器件

（1）74LS74 双 D 触发器（2 片）

（2）74LS194 四位双向通用移位寄存器（2 片）

三、实验内容与步骤

1. 测试单向右移寄存器的逻辑功能

（1）用两片 74LS74 按图 27-1 所示连接实验电路。其中 $\overline{S}_d$ 和 $\overline{R}_d$ 接逻辑电平输出，Q_1、Q_2、Q_3、Q_4 接电平显示指示灯，CP 接单脉冲。

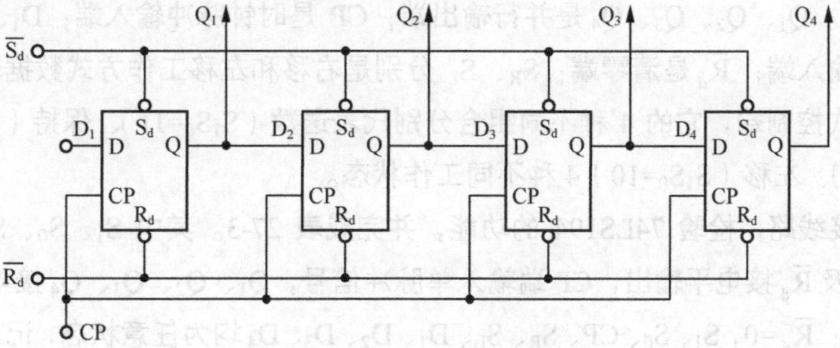

图 27-1　单向右移寄存器

（2）利用直接复位端 $\bar{R}_d$（$\bar{S}_d$=1、$\bar{R}_d$=1→0→1）先使寄存器清“0”（$Q_1Q_2Q_3Q_4$=0000）；然后置 D_1=1，在 4 个 CP 脉冲作用下，4 个“1”信号寄存于该寄存器中；之后再使 D_1 = 0，在 4 个 CP 脉冲作用下，4 个“0”信号寄存于寄存器中，将结果记入表 27-1 中。

表 27-1　单向右移寄存器逻辑功能

CP	$\bar{R}_d$	$\bar{S}_d$	D_1	Q_1	Q_2	Q_3	Q_4
0	0	1	Φ	0	0	0	0
1	1	1	1				
2	1	1	1				
3	1	1	1				
4	1	1	1				
5	1	1	0				
6	1	1	0				
7	1	1	0				
8	1	1	0				

（3）将 D_1 和 Q_4 相连构成右移循环计数器，置 Q_1=1、Q_4=Q_2=Q_3=0，在 CP 脉冲作用下，观察循环右移功能，将实验结果记入表 27-2 中。

表 27-2　右移循环计数器逻辑功能

CP	$\bar{R}_d$	$\bar{S}_d$	Q_1	Q_2	Q_3	Q_4
0	0	1	0	0	0	0
1	1	1	1	0	0	0
2	1	1				
3	1	1				
4	1	1				
5	1	1				
6	1	1				
7	1	1				
8	1	1				

2. 测试四位双向移位寄存器的逻辑功能

74LS194 是由四个触发器和若干个逻辑门组成的四位双向移位寄存器，其内部逻辑如图 27-2 所示。Q_1、Q_2、Q_3、Q_4 是并行输出端；CP 是时钟脉冲输入端；D_1、D_2、D_3、D_4 是数据并行输入端；$\bar{R}_d$ 是清零端；S_R、S_L 分别是右移和左移工作方式数据输入端；S_1、S_0 是工作方式控制端，它的 4 种不同组合分别代表送数（S_1S_0=11）、保持（S_1S_0=00）、右移（S_1S_0=01）、左移（S_1S_0=10）4 种不同工作状态。

（1）连接线路，检验 74LS194 的功能，并完成表 27-3。其中 S_1、S_0、S_R、S_L、D_1、D_2、D_3、D_4 及 $\bar{R}_d$ 接电平输出，CP 端输入单脉冲信号，Q_1、Q_2、Q_3、Q_4 接电平指示灯。

① 清零：$\bar{R}_d$=0，S_1、S_0、CP、S_R、S_L、D_1、D_2、D_3、D_4 均为任意状态，记录 $Q_1Q_2Q_3Q_4$。

② 送数：S_1S_0=11，$\bar{R}_d$=1，令 $D_1D_2D_3D_4$=0011，S_R、S_L 为任意状态。在 CP 端输入一

个单脉冲信号后，记录 $Q_1Q_2Q_3Q_4$。

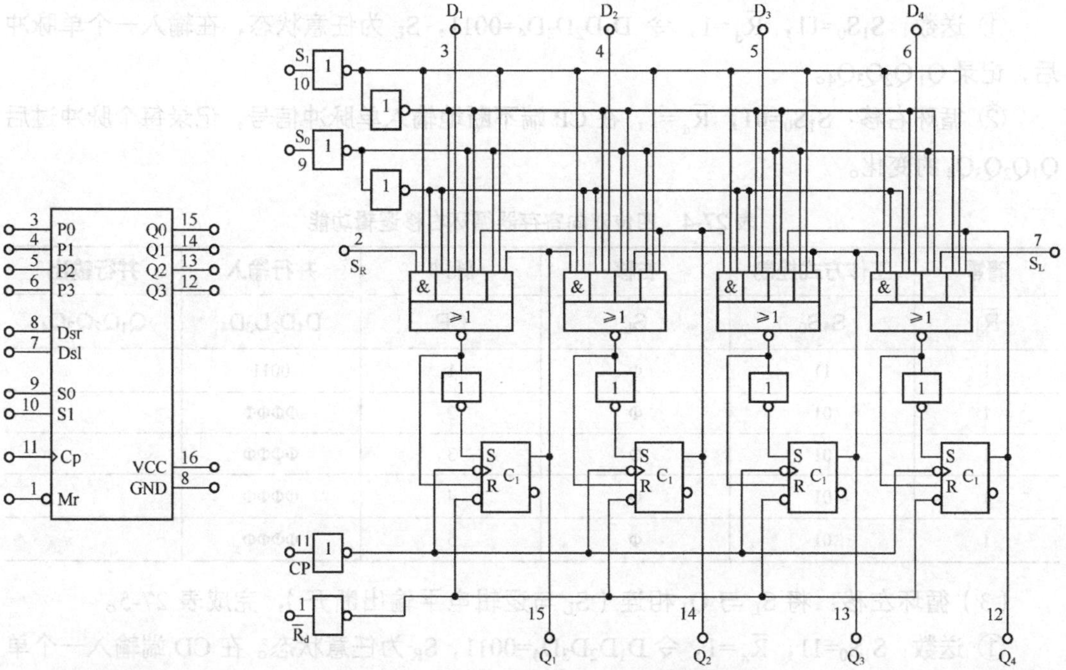

（a）逻辑框图　　（b）内部逻辑图

图 27-2　四位双向移位寄存器逻辑电路

③ 保持：S_1S_0=00，$\bar{R}_d$=1，输入一个 CP 脉冲，S_R、S_L、D_1、D_2、D_3、D_4 均为任意状态，记录 $Q_1Q_2Q_3Q_4$。

④ 右移：S_1S_0=01，$\bar{R}_d$=1，S_L、D_1、D_2、D_3、D_4 均为任意状态，S_R=1（右移时的数据串行输入端）时，输入 4 个 CP，记录 $Q_1Q_2Q_3Q_4$。此时令 S_R=0，再输入 4 个 CP 脉冲后，记录 $Q_1Q_2Q_3Q_4$。

⑤ 左移：S_1S_0=10，$\bar{R}_d$=1，S_R、D_1、D_2、D_3、D_4 均为任意状态，S_L=1（左移时的数据串行输入端）时，输入 4 个 CP，记录 $Q_1Q_2Q_3Q_4$，此时令 S_L=0，再输入 4 个 CP 脉冲，记录 $Q_1Q_2Q_3Q_4$。

表 27-3　四位双向寄存器不同工作状态

清零	工作方式控制	左移右移	脉冲	并行输入	并行输出
$\bar{R}_d$	S_1S_0	S_RS_L	CP	$D_1D_2D_3D_4$	$Q_1Q_2Q_3Q_4$
0	ΦΦ	ΦΦ	Φ	ΦΦΦΦ	
1	11	ΦΦ	1 个 CP	0011	
1	00	ΦΦ	1 个 CP	ΦΦΦΦ	
1	01	1Φ	4 个 CP	ΦΦΦΦ	
1	01	0Φ	4 个 CP	ΦΦΦΦ	
1	10	Φ1	4 个 CP	ΦΦΦΦ	
1	10	Φ0	4 个 CP	ΦΦΦΦ	

（2）循环右移：将 S_R 与 Q_4 相连（S_R 与逻辑电平输出断开），完成表 27-4。

① 送数：S_1S_0=11，$\bar{R}_d$=1，令 $D_1D_2D_3D_4$=0011，S_L 为任意状态，在输入一个单脉冲后，记录 $Q_1Q_2Q_3Q_4$。

② 循环右移：S_1S_0=01，$\bar{R}_d$=1，在 CP 端不断地输入单脉冲信号，记录每个脉冲过后 $Q_1Q_2Q_3Q_4$ 的变化。

表 27-4 四位双向寄存器循环右移逻辑功能

清零	工作方式控制	右移	脉冲	并行输入	并行输出
$\bar{R}_d$	S_1S_0	S_L	CP	$D_1D_2D_3D_4$	$Q_1Q_2Q_3Q_4$
1	11	Φ	1	0011	
1	01	Φ	2	ΦΦΦΦ	
1	01	Φ	3	ΦΦΦΦ	
1	01	Φ	4	ΦΦΦΦ	
1	01	Φ	5	ΦΦΦΦ	

（3）循环左移：将 S_L 与 Q_1 相连（S_L 与逻辑电平输出断开），完成表 27-5。

① 送数：S_1S_0=11，$\bar{R}_d$=1，令 $D_1D_2D_3D_4$=0011，S_R 为任意状态。在 CD 端输入一个单脉冲后，记录 $Q_1Q_2Q_3Q_4$ 的状态。

② 循环左移：S_1S_0=10，$\bar{R}_d$=1，在 CP 端不断地输入单脉冲，记录每个脉冲过后 $Q_1Q_2Q_3Q_4$ 的变化。

表 27-5 四位双向寄存器循环左移逻辑功能

清零	工作方式控制	左移	脉冲	并行输入	并行输出
$\bar{R}_d$	S_1S_0	S_R	CP	$D_1D_2D_3D_4$	$Q_1Q_2Q_3Q_4$
1	11	Φ	1	0011	
1	10	Φ	2	ΦΦΦΦ	
1	10	Φ	3	ΦΦΦΦ	
1	10	Φ	4	ΦΦΦΦ	
1	10	Φ	5	ΦΦΦΦ	

（4）串入并出。

① 右移方式串入并出：移位方式控制端置右移方式（S_1S_0=01），用逻辑开关不断改变 S_R 的值，令数据以串行方式进入 S_R 端（高位在前，低位在后），在 4 个 CP 脉冲作用下，将四位二进制码送入寄存器中，在 $Q_1 \sim Q_4$ 端获得并行的二进制码输出。

② 左移方式串入并出：移位方式控制端置左移方式（S_1S_0=10）数据以串行方式进入 S_L 端（低位在前，高位在后），在 4 个 CP 脉冲作用下，将四位二进制码送入寄存器中，在 $Q_1 \sim Q_4$ 端获得并行的二进制码输出。

（5）并入串出。

工作方式控制端 S_1S_0 先实现送数（S_1S_0=11），数据以并行方式进入 $Q_1 \sim Q_4$ 输入端。

在 CP 脉冲作用下，将二进制数存入寄存器中（即 $Q_1Q_2Q_3Q_4=D_1D_2D_3D_4$）。然后按左移方式（$S_1S_0=10$）在 4 个 CP 脉冲作用后，数据从 Q_1 端输出（低位在前，高位在后）；也可以按右移方式（$S_1S_0=01$），在 4 个 CP 脉冲作用后，数据在 Q_4 端输出（高位在前，低位在后）。

3. 二进制码的串行传输

二进制码的串行传输在计算机的接口电路及计算机通信中是十分有用的。图 27-3 所示为二进制码串行传输电路，其中 CP 端接单脉冲信号，$Q_1\sim Q_4$ 接电平显示，其他端接开关电平输出。图 27-3 中 194（1）为发送端，194（2）为接收端。

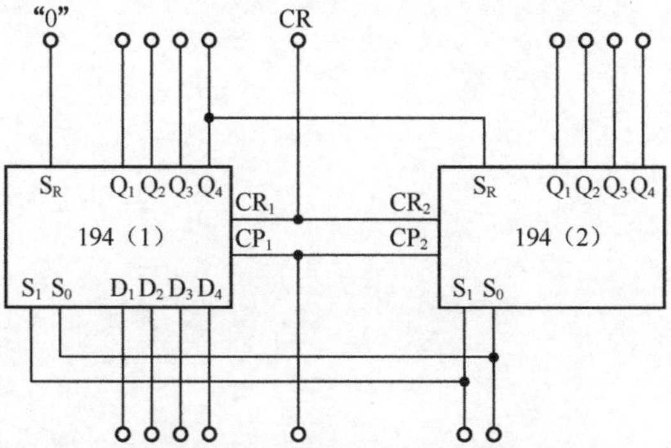

图 27-3　二进制码的串行传输电路

为了实现传输功能，采取如下两步。

（1）使 $D_1D_2D_3D_4=0101$，将其并行输入 194（1）中（$S_1S_0=11$）。

（2）为使存入 194（1）中的数据传送到 194（2）中，可采用右移方式（$S_1S_0=01$）输入 4 个 CP 脉冲后，实现数据串行传输，这时在 194（2）的输出端 $Q_1\sim Q_4$ 获得传输后的并行数据 $D_1\sim D_4$，将结果记入表 27-6 中。

表 27-6　二进制码的串行传输

工作方式		CP	194（1）	194（2）
控制端	S_1　S_0		Q_1 Q_2 Q_3 Q_4	Q_1 Q_2 Q_3 Q_4
送数	1　1	1	0 1 0 1	0 0 0 0
右移	0　1	2	0 0 1 0	
右移	0　1	3	0 0 0 1	
右移	0　1	4	0 0 0 0	
右移	0　1	5	0 0 0 0	

四、思考题

试用两片双向移位寄存器组成八位双向移位寄存器，画出其接线图。

五、实验要求

1. 整理实验结果填入表格中。
2. 分析 74LS194 的逻辑功能。
3. 独立完成实验，完成思考题，提交完整的报告。

实验二十八

集成 555 电路的应用

一、实验目的

1. 熟悉集成 555 电路（NE555）的工作原理，掌握其测试方法。

2. 掌握几种常见的应用电路（如多谐振荡器）的工作原理及关键元器件对输出波形的影响。

3. 掌握用集成 555 电路构成其他电路的方法。

二、实验设备及元器件

1. 实验设备

（1）数字电路实验箱

（2）数字万用表

（3）双踪示波器

2. 元器件

（1）NE555 集成 555 电路（1 片）

（2）电阻 5.1kΩ、20kΩ（各 1 只）

（3）电阻 10kΩ（2 只）

（4）电位器 10kΩ、100kΩ（各 1 只）

（5）电容 0.1μF（1 只）、0.01μF（2 只）

（6）二极管 1N4007（2 只）

三、实验内容与步骤

1. 由 NE555 构成多谐振荡器

按图 28-1 所示接线，电路检查无误后，方可接通电源。

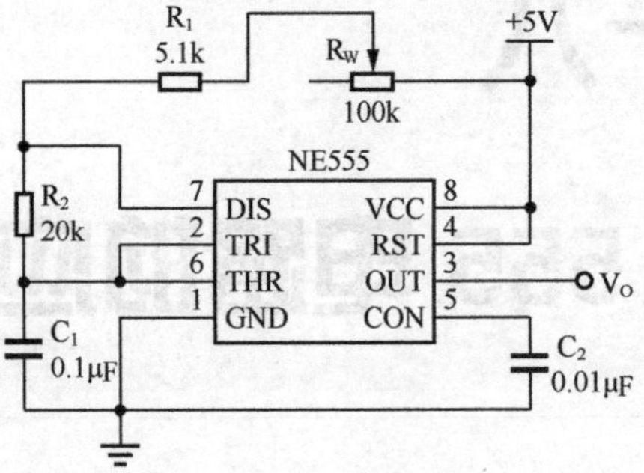

图 28-1　多谐振荡器

（1）用双踪示波器观察并记录输出端（3 端）和电容 C_1（2 端）的波形。

（2）改变电路中可调电阻 R_W 的大小，用双踪示波器观察输出波形的变化，并填写表 28-1。

表 28-1　多谐振荡器输出频率、占空比及波形

R_W（Ω）		0	100k
f（Hz）	理论值		
f（Hz）	测量值		
占空比	理论值		
占空比	测量值		
V_O 波形			

2. 占空比可调的振荡电路

（1）按图 28-2 所示接线，电路检查无误后，可接通电源。

（2）改变电路中可调电阻的大小，用双踪示波器观察输出波形的变化，并填写表 28-2。

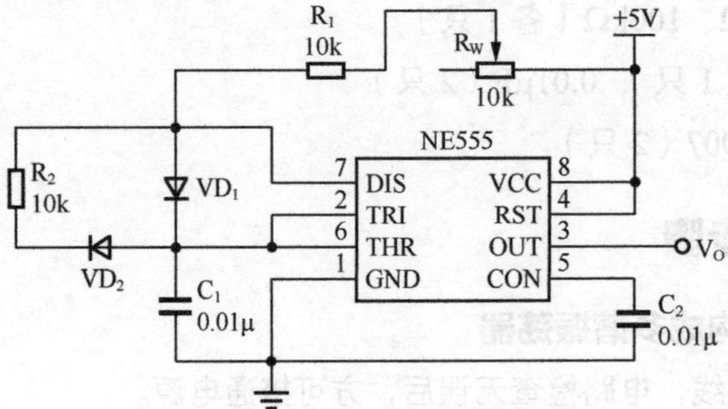

图 28-2　占空比可调的振荡电路

表 28-2　占空比可调的振荡电路频率、占空比及波形

R_W (Ω)		0	10k
f (Hz)	理论值		
f (Hz)	测量值		
占空比	理论值		
占空比	测量值		
V_O 波形			

3. 由 NE555 构成的压控振荡器

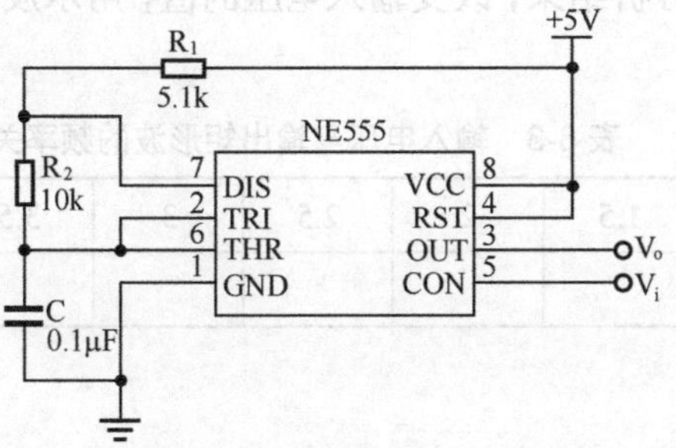

图 28-3　压控振荡器电路

（1）按图 28-3 所示接线，其中 V_i 接直流信号源，V_o 接示波器，用来测量输出矩形波的频率，电路检查无误后，可接通电源。

由 NE555 构成压控振荡器的原理可知，电路输出矩形波的高电平时间为：

$$T_1 = (R_1 + R_2)C\ln\left(\frac{10-V_i}{10-2V_i}\right) \tag{28-1}$$

电路输出矩形波的低电平时间为：

$$T_2 = R_2 C\ln 2 \tag{28-2}$$

因此，该压控振荡器输出矩形波的频率为：

$$f_o = \frac{1}{T_1 + T_2} \tag{28-3}$$

由上式可知，压控振荡器输出矩形波的频率 f_O 是输入电压 V_i 的函数，其函数关系曲线如图 28-4 所示。

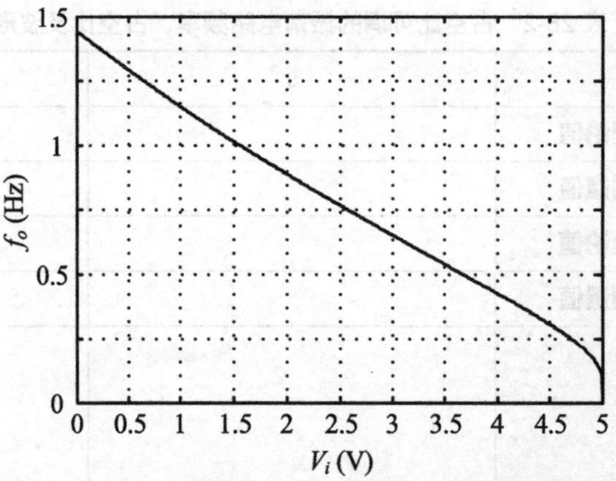

图 28-4 压控振荡器输出频率与输入电压的关系曲线

（2）为验证上述理论分析结果，改变输入电压的值，用示波器测量输出矩形波的频率，将结果填入表 8-3。

表 8-3 输入电压与输出矩形波的频率关系

V_i（V）	0.5	1	1.5	2	2.5	3	3.5	0.5	4	4.5
f_o（Hz）										

四、思考题

试用集成 555 定时器设计一个过压报警器，声（扬声器）、光（发光二极管）同时报警。当工作电压超过+10V 时，扬声器发出报警声，同时发光二极管闪烁，闪烁频率为 2Hz，写出设计过程，画出电路图。

五、实验要求

1. 整理实验数据，画出各测试点的波形。
2. 将实验结果与理论计算比较。
3. 独立完成实验，完成思考题，提交完整的报告。

实验二十九

D/A 转换器

一、实验目的

1. 熟悉使用 DAC0832 实现八位 D/A（数-模）转换。
2. 掌握测试八位 D/A 转换器、转换精度及线性度的方法。

二、实验设备及元器件

1. 实验设备

（1）数字电路实验箱

（2）数字万用表

2. 元器件

（1）D/A 转换器 DAC0832（1 片）

（2）TL084（1 片）

（3）电位器 100kΩ（1 只）

（4）电阻 100kΩ（1 只）

三、DAC0832 简介

DAC0832 是采用先进的 CMOS/Si-Cr 工艺制成的双列直插式八位 D/A 转换器。片内有 R-2R 梯形解码网络，用于分流基准电流、完成数字输入、变换模拟量（电流）输出。

1. DAC0832 主要特性和技术指标

（1）只在满量程下调整其线性度。

（2）具有双缓冲、单缓冲或（和）直通数据输入 3 种工作方式。

（3）输入数字为 8 位。

（4）逻辑电平输入与 TTL 兼容。

（5）基准电压 V_{REF} 工作范围为−10～+10V。

（6）电流稳定时间为 1μs。

（7）功耗为 20mW。

（8）电源电压范围为–5～+15V。

2. DAC0832 引脚功能说明

DAC0832 如图 29-1 所示，各引脚功能说明如下。

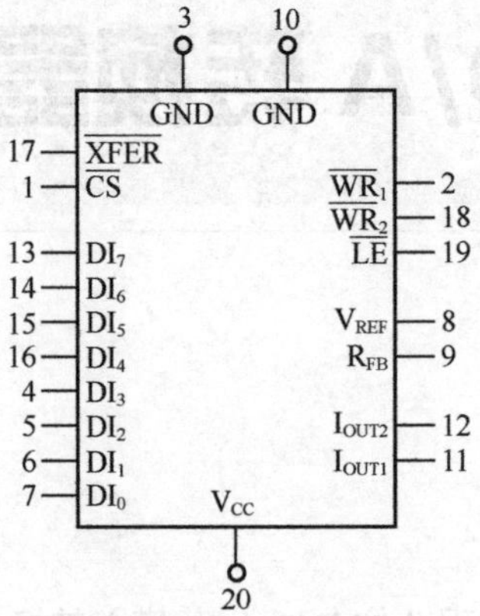

图 29-1　DAC0832

（1）$\overline{CS}$：片选（低电平有效）。$\overline{CS}$ 和 LE 信号共同控制 $\overline{WR_1}$。

（2）$\overline{LE}$：允许输入锁存（高电平有效）。

（3）$\overline{WR_1}$：写入信号 1，用于把数字数据输入锁存寄存器中。在 $\overline{WR_1}$ 有效时，$\overline{CS}$ 和 $\overline{LE}$ 必须同时有效。

（4）$\overline{WR_2}$：写入信号 2，用于将锁存在输入寄存器中的数字数据传递至 D/A 寄存器，$\overline{WR_2}$ 有效时，$\overline{XFER}$ 必须同时有效。

（5）$\overline{XFER}$：传递控制信号，用来控制 $\overline{WR_2}$。

（6）DI_0～DI_7：八位数字输入，DI_0 为最低位（LSB），DI_7 为最高位（MSB）。

（7）I_{OUT1}：DAC0832 电流输出 1 端。当 D/A 转换器的寄存器中全为 1 时，输出电流最大；当 D/A 转换器的寄存器中全为 0 时，输出电流为 0。

（8）I_{OUT2}：DAC0832 电流输出 2 端。I_{OUT2} 为一常数与 I_{OUT1} 之差，即 $I_{OUT1}+I_{OUT2}$ 的和为常数。

（9）R_{FB}：反馈电阻在芯片内，作为外部运算放大器的分路反馈电阻，为 DAC0832 提供电压输出信号，并与 R-2R 梯形电阻网络相匹配。

（10）V_{REF}：基准电压输入。该电压将外部标准电压和片内的 R-IR 网络相连接。V_{REF} 范围为–10～+10V。当 DAC0832 在四象限应用时，其又作为模拟电压输入端。

（11）V_{CC}：电源电压。范围为+5V～+15V，最佳工作电压为+15V。

（12）AGND：模拟量电路的接地端，它始终与数字量接地端相连。

（13）DGND：数字量电路的接地端。

四、实验内容与步骤

1. 由 DAC0832 构成的负电压输出电路

（1）将一片 DAC0832 和一片 TL084 插入实验箱的相应端口上。

（2）按图 29-2 所示接线。

（3）将 $D_0 \sim D_7$ 接逻辑电平输出。

（4）使 $D_0 \sim D_7$ 全为 1，调节 R_W 使 V_O 为满度（−5V）。

（5）按照表 29-1 所示的输入数字量（相对应的十进制）分别测出各对应的输出模拟电压值（V_O）。

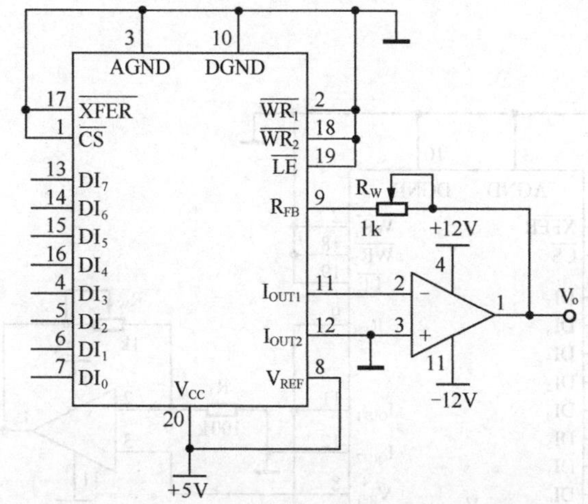

图 29-2　由 DAC0832 构成的负电压输出电路测试

表 29-1　负电压输出电路的输出模拟电压值

十进制数	二进制数	实测 V_O	十进制数	二进制数	实测 V_O
	$D_7 D_6 D_5 D_4 D_3 D_2 D_1 D_0$			$D_7 D_6 D_5 D_4 D_3 D_2 D_1 D_0$	
255			110		
250			100		
240			90		
230			80		
220			70		
210			60		
200			50		
190			40		
180			30		
170			20		
160			10		
150			5		
140			2		
130			1		
120			0		

2. 由 DAC0832 构成的正电压输出电路

（1）将一片 DAC0832 和一片 TL084 插到实验箱的相应插座上。

（2）按图 29-3 所示接线。

（3）将 $D_0 \sim D_7$ 接逻辑电平输出。

（4）使 $D_0 \sim D_7$ 全为 1，调节 R_W 使 V_O 为满度（+5V）。

（5）按照表 29-2 所给定的输入数字量（相对应的十进制）分别测出各对应的输出模拟电压（V_O）。

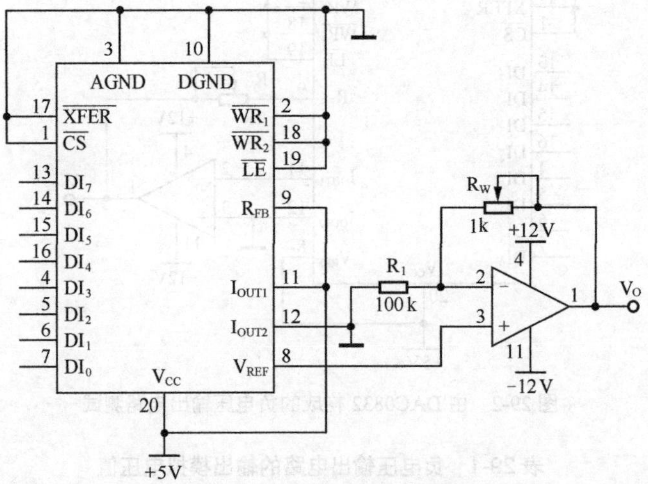

图 29-3　由 DAC0832 构成的正电压输出电路测试

表 29-2　正电压输出电路的输出模拟电压值

十进制数	二进制数	实测 V_o	十进制数	二进制数	实测 V_o
	$D_7\,D_6\,D_5\,D_4\,D_3\,D_2\,D_1\,D_0$			$D_7\,D_6\,D_5\,D_4\,D_3\,D_2\,D_1\,D_0$	
255			110		
250			100		
240			90		
230			80		
220			70		
210			60		
200			50		
190			40		
180			30		
170			20		
160			10		
150			5		

续表

十进制数	二进制数	实测 V_o	十进制数	二进制数	实测 V_o
	$D_7D_6D_5D_4D_3D_2D_1D_0$			$D_7D_6D_5D_4D_3D_2D_1D_0$	
140			2		
130			1		
120			0		

五、思考题

1. 试写出 D/A 转换器转换精度和完成一次转换时间公式，并说明公式中各参数的意义。
2. 分析影响 D/A 转换器的转换精度与转换速度的主要因素。

六、实验要求

1. 画出 DAC0832 的输入数字量和实测输出模拟电压之间的关系曲线。
2. 比较实测值与理论值并计算最大线性误差和精度，确定其分辨率。
3. 独立完成实验，完成思考题，提交完整的报告。

实验三十

A/D 转换器

一、实验目的

1. 熟悉使用集成 ADC0804 元器件实现八位 A/D（模-数）转换方法，加深对其基本原理的理解。

2. 掌握测试 A/D 转换器静态线性度的方法，加深对其主要参数意义的理解。

二、实验设备及元器件

1. 实验设备

（1）数字电路实验箱

（2）双踪示波器

（3）数字万用表

2. 元器件

（1）ADC0804（1 片）

（2）电阻 10kΩ（1 只）

（3）电位器 1kΩ（1 只）

（4）电容 1000pF（1 只）

三、ADC0804 简介

ADC0804 属于逐次比较型 A/D 转换器。它主要是由放大器、D/A 转换器、寄存器、时钟信号源和控制逻辑等五个部分组成，如图 30-1 所示。

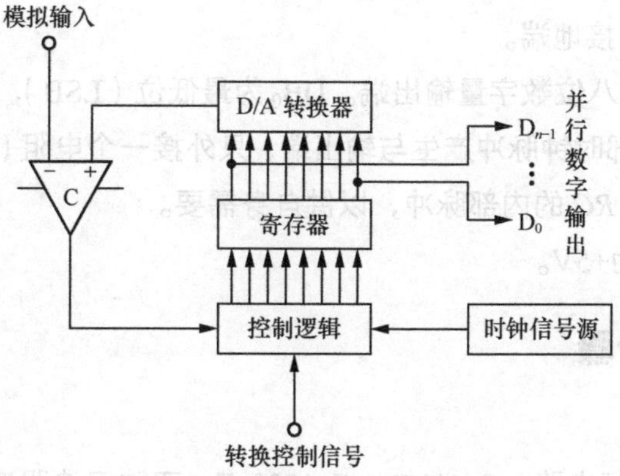

图 30-1　ADC0804 组成

1. ADC0804 主要特性及技术指标

（1）分辨率为 8 位。

（2）总的不可调误差为±1/2LSB（相对误差）和±1LSB（绝对误差）。

（3）转换时间为 100μs。

（4）单电源 5V 供电，此时模拟输入范围为 0～5V。

（5）采用 CMOS 工艺制成，输出与 TTL 兼容。

（6）时钟脉冲可自身产生，只要 ADC0804 外接一个电阻和电容，便可自行产生频率 $f_{clk}=1/1.1RC$ 的时钟信号。

2. ADC0804 引脚功能

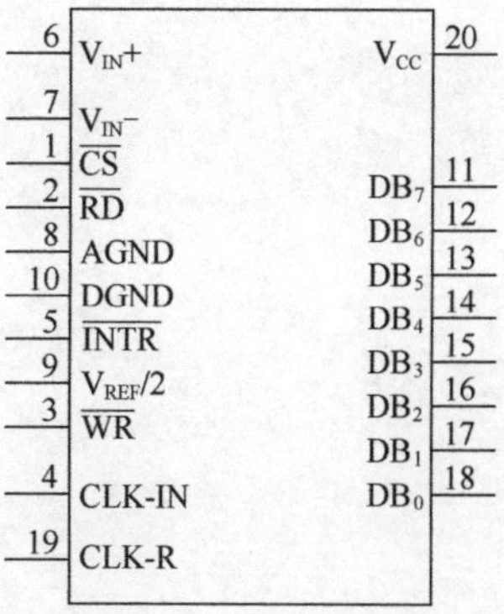

图 30-2　ADC0804 引脚图

ADC0804 如图 30-2 所示，各引脚名称介绍如下。

（1）$\overline{CS}$：片选信号端，低电平有效。

（2）$\overline{RD}$：读取信号，低电平有效，$\overline{RD}$ 有效时，$\overline{CS}$ 必须有效。

（3）$\overline{WR}$：写入信号，低电平有效，$\overline{WR}$ 有效时，$\overline{CS}$ 必须有效。

（4）CLK－IN：时钟脉冲信号输入端。

（5）$\overline{INTR}$：转换结束时产生的结束信号。低电平有效，它也可作为中断请求信号，读取转换器。利用 $\overline{CS}$ 和 $\overline{RD}$，读取信号的同时使 $\overline{INTR}$ 复位。

（6）V_{in+}、V_{in-}：模拟电压输入端。如果 V_{in} 的变化是 0～V_{max}，则 V_{in-} 接地，输入电压加到 V_{in+} 端；在共模输入电压允许的情况下，输入电压范围为 V_{min}～V_{max}（不等于 0），此时 V_{in-} 应该接入等于 V_{min} 的恒值电压，而输入电压仍接到 V_{in+} 上。

（7）AGND：模拟量接地端。

（8）$V_{REF}/2$：参考电源输入。此端电压值应是输入电压范围的 1/2。例如，V_{in} 为 0.5～3.5V 时，此端应加 1.5V 电压；当 V_{in} 为 0～+5V 时，此端不需任何电压，此时 $V_{REF/2}$ 由芯片电源电压得到。

（9）DGND：数字接地端。

（10）$DB_0 \sim DB_7$：八位数字量输出端。DB_0 为最低位（LSB），DB_7 为最高位（MSB）。

（11）CLK-R：内部时钟脉冲产生与输出端，只外接一个电阻（R=10kΩ）和一个电容，便可产生频率 $f_{clk}=1/1.1RC$ 的内部脉冲，以供自身需要。

（12）V_{CC}：电源为+5V。

四、实验内容与步骤

1. 测时钟频率

按图 30-3 所示接好电路，R=10kΩ、C=1000pF，双踪示波器连接在 19 引脚（或 4 引脚）外，观察时钟信号波形，并测出频率 f_{clk}，且将其与理论值比较。

2. ADC0804 静态线性度测试

（1）按图 30-3 所示接线。

其中，R=300Ω；C=0.1μF；R_W=1kΩ。

$DB_0 \sim DB_7$ 接指示灯，$\overline{WR}$ 接单脉冲源。

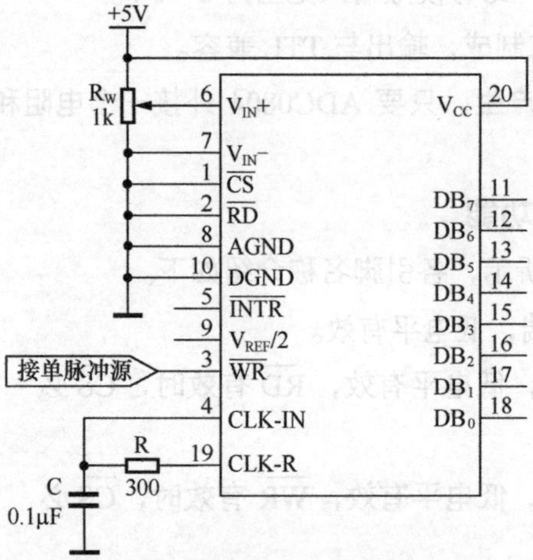

图 30-3 ADC0804 静态线性度测试

（2）按表 30-1 所示调节 R_W，使 V_{in+}端的电压与表 30-1 中给定的值一致，调节输入电压，单脉冲源接 $\overline{WR}$，脉冲的上升沿触发 ADC0804 开始进行 A/D 转换。A/D 转换完成后，$DB_0 \sim DB_7$ 端得到输入电压对应的数字信号。并用万用表分别测出对应的输出 8 位二进制码，记入表 30-1 中。

表 30-1 ADC0804 静态线性度测试

输入电压（V）	输出值		误差
	理论值	实测值	
0.00			
0.02			

续表

输入电压（V）	输出值		误差
	理论值	实测值	
0.04			
0.12			
0.16			
0.24			
0.32			
0.40			
0.50			
2.00			
2.50			
4.00			
4.60			
4.70			
4.80			
4.85			
4.92			
4.96			
5.00			

五、思考题

1. 试说明在 A/D 转换器转换过程中产生量化误差的原因及减小量化误差的方法。
2. 试分析决定 A/D 转换器转换速度的主要因素。

六、实验要求

1. 画出 ADC0804 输入模拟电压与输出数字量之间的关系曲线。
2. 比较实测值与理论值，并进行误差分析。
3. 独立完成实验，完成思考题，提交完整的报告。

实验三十一

二极管、三极管开关特性与应用

一、实验目的

1. 深入理解二极管、三极管饱和导通和截止的条件。
2. 掌握二极管、三极管门电路构成的方法。
3. 理解二极管门电路、三极管门电路的输入与输出的逻辑关系。

二、实验设备及元器件

1. 实验设备

（1）数字电路实验箱

（2）数字万用表

2. 元器件

（1）二极管 1N4007（2 只）

（2）电阻 300Ω（1 只）

（3）电阻 10kΩ（1 只）

（4）电阻 5.1kΩ（2 只）

（5）三极管 9013（1 只）

三、实验内容与步骤

1. 测试二极管门电路的输入与输出的逻辑关系

（1）实验电路如图 31-1 所示，开关 S1、S2 的状态如表 31-1 所示要求设置（开关闭合为“0”，断开为“1”），得到发光二极管的状态（点亮为“1”，灭为“0”），判断此电路构成什么门电路?

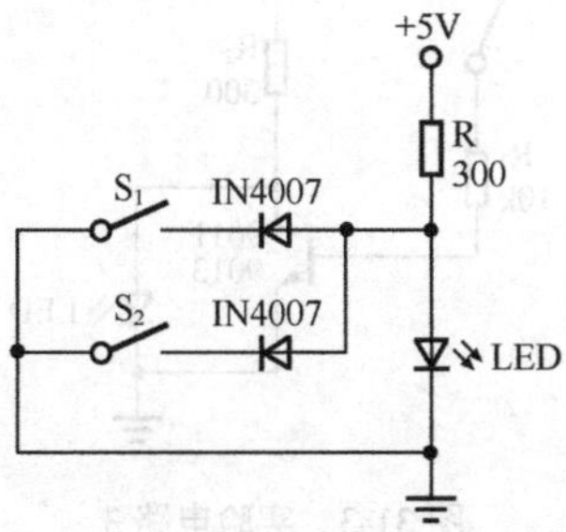

图 31-1　实验电路 1

表 31-1　二极管门电路输入与输出逻辑关系 1

S1	S2	LED
0	0	
0	1	
1	0	
1	1	

此电路为＿＿＿＿＿电路。

（2）实验电路如图 31-2 所示，开关 S1、S2 的状态按表 31-2 所列要求设置（开关闭合为“1”，断开为“0”），得到发光二极管的状态（点亮为“1”，灭为“0”），判断此电路构成什么门电路?

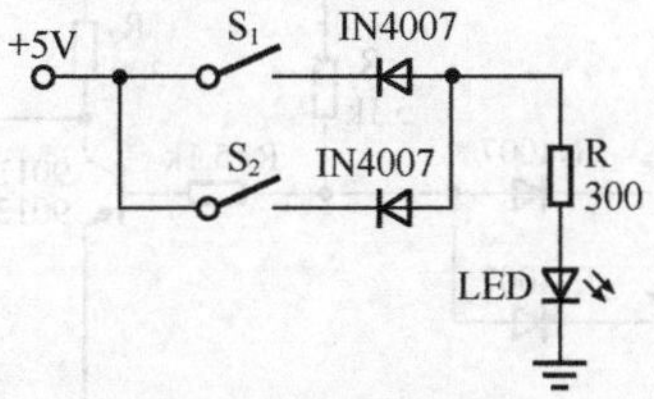

图 31-2 实验电路 2

表 31-2　二极管门电路输入与输出逻辑关系 2

S1	S2	LED
0	0	
0	1	
1	0	
1	1	

此电路为＿＿＿＿＿电路。

2. 测试三极管门电路的输入与输出的逻辑关系

（1）实验电路如图 31-3 所示，开关 S1 的状态如表 31-3 所示的要求设置（开关闭合为“1”，断开为“0”），得到发光二极管的状态（点亮为“1”，灭为“0”），判断此电路构成什么门电路?

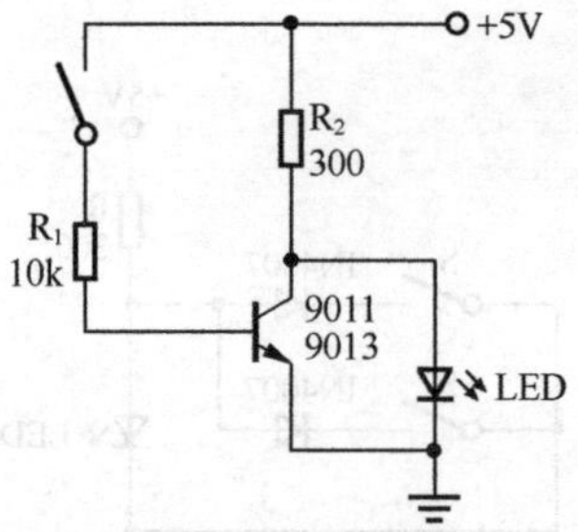

图 31-3　实验电路 3

表 31-3　三极管门电路输入与输出逻辑关系 1

S1	LED
0	1
0	1
1	0
1	0

此电路为__________电路。

（2）三极管门电路如图 31-4 所示，开关 S1、S2 的状态如表 31-4 所示要求设置（开关闭合为“0”，断开为“1”），得到发光二极管的状态（点亮为“1”，灭为“0”），判断此电路构成什么门电路?

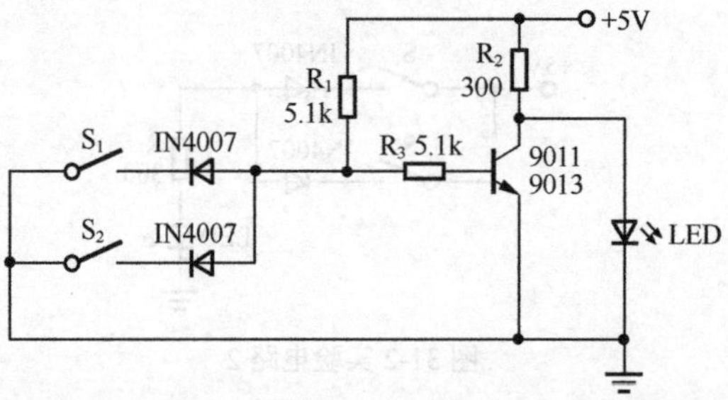

图 31-4　实验电路 4

表 31-4　三极管门电路输入与输出逻辑关系 2

S1	S2	LED
0	0	
0	1	
1	0	
1	1	

此电路为________电路。

（3）三极管门电路图如图 31-5 所示，开关 S1、S2 的状态如表 31-5 所示要求设置（开关闭合为“1”，断开为“0”），写出发光二极管的状态（点亮为“1”，灭为“0”），判断此电路构成什么门电路?

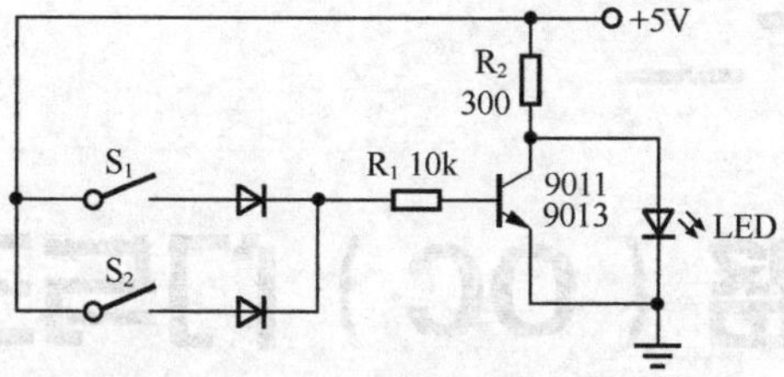

图 31-5 实验电路 5

表 31-5 三极管门电路输入与输出逻辑关系 3

S1	S2	LED
0	0	
0	1	
1	0	
1	1	

此电路为________电路。

四、思考题

试利用二极管、三极管的开关特性设计其他逻辑门电路。

五、实验要求

1. 整理实验数据，填好实验表格。
2. 分析实验中各电路的工作原理。
3. 独立完成实验，完成思考题，提交完整的报告。

实验三十二

集电极开路（OC）门与三态门

一、实验目的

1. 掌握集电极开路门的逻辑功能、使用方法及负载电阻对 OC 门的影响。
2. 掌握三态门的逻辑功能及使用方法。
3. 学会使用双踪示波器测量简单的数字波形。

二、实验设备及元器件

1. 实验设备

（1）数字电路实验箱

（2）函数信号发生器

（3）双踪示波器

（4）数字万用表

2. 元器件

（1）74LS01 四二输入集电极开路与非门（1 片）

（2）74LS00 四二输入与非门（1 片）

（3）74LS125 三态输出四总线缓冲门（1 片）

（4）74LS126 三态输出四总线缓冲门（1 片）

（5）74LS04 六反相器（1 片）

（6）电阻 200Ω、1kΩ（各 1 只）

（7）电位器 2kΩ（1 只）

三、实验内容及步骤

1. 集电极开路与非门逻辑功能测试

（1）按图 32-1 所示接线，其中 A、B 接开关电平输出，F 接电平指示灯。

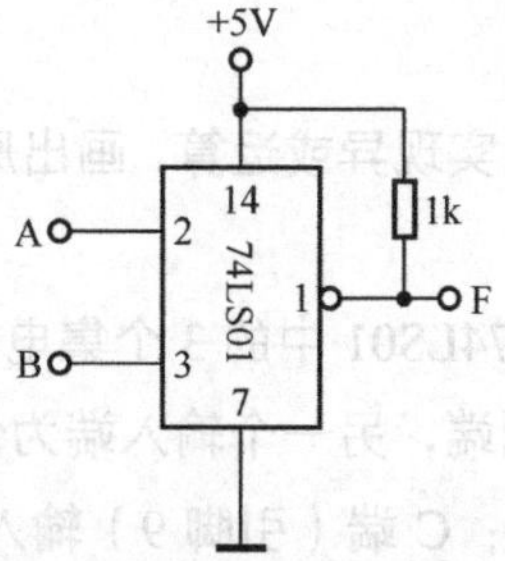

图 32-1 集电极开路与非门逻辑功能测试

（2）按表 32-1 要求，用开关调节 A、B 输入状态，借助指示灯和万用表观测输出端 F 的相应状态并填入表 32-1 中。

表 32-1 集电极开路与非门逻辑关系

输入		输出	
A	B	输出电压（V）	输出逻辑状态
0	0		
0	1		
1	0		
1	1		

2. 集电极开路与非门负载电阻 R_L 的确定

（1）使用 74LS01 中的两个集电极开路与非门线与驱动一个 TTL 与非门，取 E_C=5V，V_{OH}=3.6V，V_{OL}=0.3V（下同），计算 R_L 的允许取值范围。将其接入电路，测试并记录电路的逻辑功能。

（2）按图 32-2 所示接线，74LS01 的 4 个 OC 门线与驱动 4 个 TTL 与非门，其中两个与非门各有一个输入端接入电路，另两个与非门的两个输入端均接入电路。电路接好后，调节电位器。先使电路输出高电平（V_{OH}=3.6V），测出此时的 R_L 值为 R_{LMAX}，再调节电位器使电路输出低电平（V_{OL}=0.3V），测出此时的 R_L 值为 R_{LMIN}。

将测量值与理论计算值加以比较。

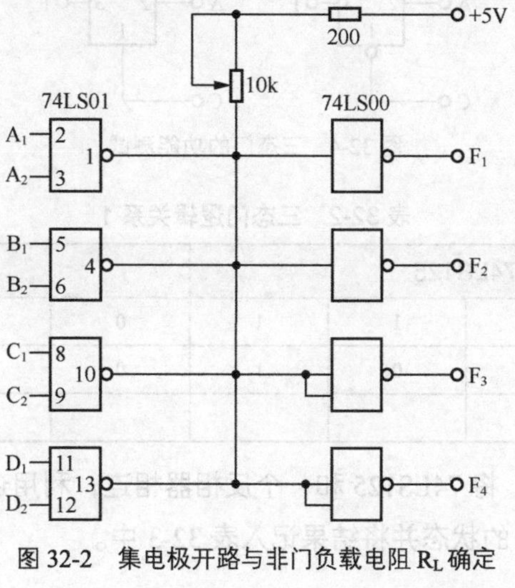

图 32-2 集电极开路与非门负载电阻 R_L 确定

3. OC 门的应用

（1）利用集电极开路与非门实现异或运算，画出原理逻辑图。并据此接线，测试数据，记录结果。

（2）如图 32-3 所示，使用 74LS01 中的 3 个集电极开路与非门驱动一个 TTL 与非门。令各 OC 门的一个输入端为控制端，另一个输入端为信号端。其中 A 端（引脚 3）接单脉冲；B 端（引脚 6）接连续脉冲；C 端（引脚 9）输入为 0～5V 的正弦信号。首先使 3 个 OC 门的控制端全为 0，然后使其中的 1 个端口轮流为 1，其他为 0，借助双踪示波器观察并记录每种情况下的 F 波形。

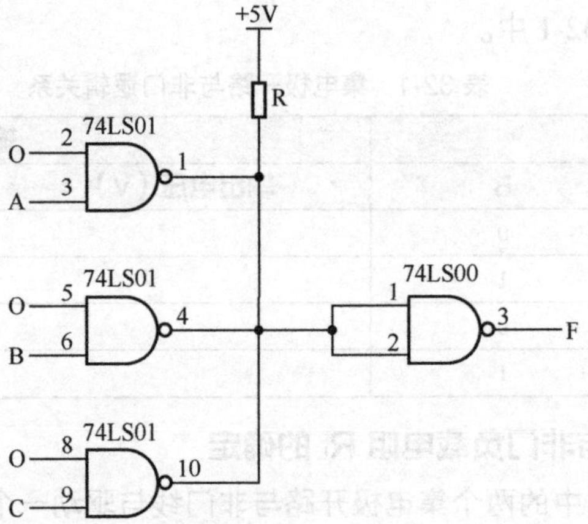

图 32-3　OC 门应用

4. 三态门的功能测试及应用

（1）待测试三态门 74LS125、74LS126 的逻辑功能连线如图 32-4 所示，按表 32-2 所示的条件用逻辑开关改变控制端 C 和输入端 A 的状态，用数字万用表或指示灯测出 F 的状态并记入表 32-2 中。

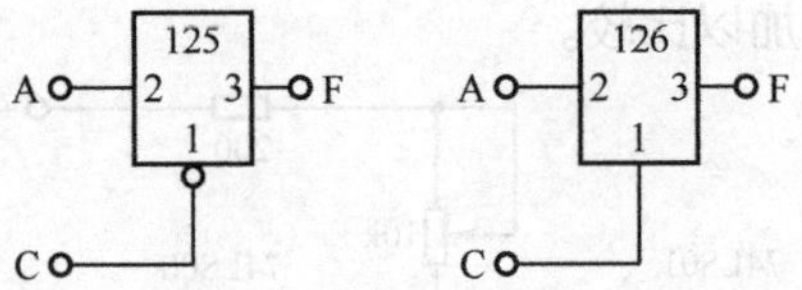

图 32-4　三态门的功能测试

表 32-2　三态门逻辑关系 1

	74LS125				74LS126			
C	0	0	1	1	0	0	1	1
A	0	1	0	1	0	1	0	1
F								

（2）如图 32-5 所示，将 74LS125 和一个反相器相连，利用逻辑开关分别改变 A、B、C 的状态，观测输出端 F 的状态并将结果记入表 32-3 中。

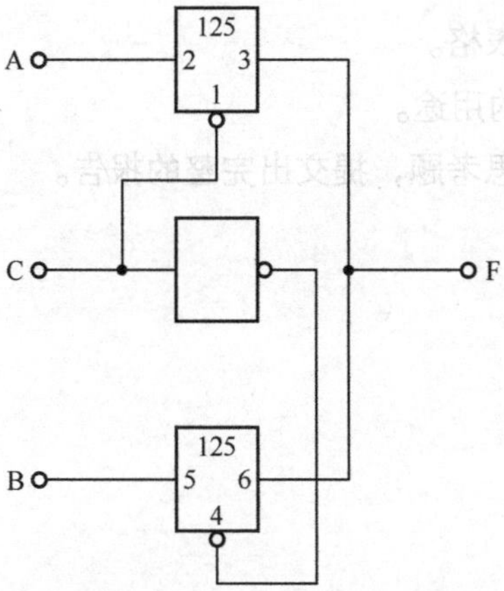

图 32-5　三态门的应用 1

表 32-3　三态门逻辑关系 2

C	0				1			
A	0	0	1	1	0	0	1	1
B	0	1	0	1	0	1	0	1
F								

（3）3 个三态门如图 32-6 所示接线，先使 3 个控制端 C_1、C_2、C_3 均为 1，然后轮流在同一时刻只使其中一个为 0，其他为 1。在输入端分别加入不同信号，观察并记录输出端 F 的波形。

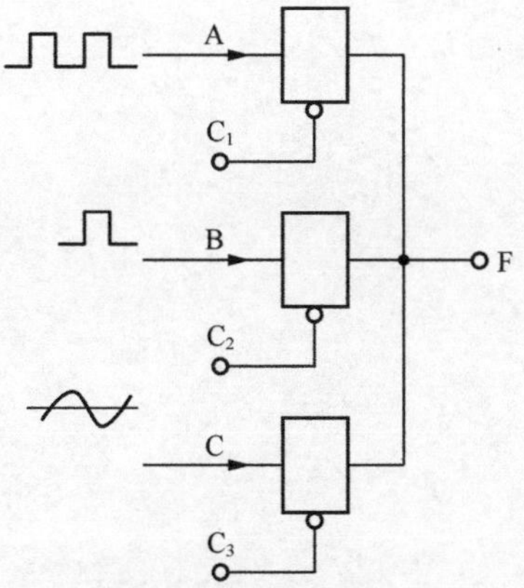

图 32-6　三态输出门的应用 2

四、思考题

1. OC 门使用时为何必须额外接电阻和电源？

2. 74LS125 和 74LS126 分别在什么情况下为高阻态？

五、实验要求

1. 整理实验数据并填好表格。
2. 总结 OC 门和三态门的用途。
3. 独立完成实验，完成思考题，提交出完整的报告。

实验三十三

移位寄存器型计数器

一、实验目的

1. 熟悉环形计数器的逻辑功能及特点。
2. 掌握自启动环形计数器、自启动扭环形计数器的逻辑功能及特点。
3. 熟悉线性反馈移位型计数器的逻辑功能及特点。

二、实验设备及元器件

1. 实验设备

（1）数字电路实验箱

（2）数字万用表

2. 元器件

（1）74LS74 双 D 触发器（2 片）

（2）74LS11 三三输入与门（1 片）

（3）74LS86 四二输入异或门（1 片）

三、实验内容及步骤

1. 测试环形计数器的逻辑功能

用两片 74LS74 双 D 触发器，实现图 33-1 所示电路，并将环形计数器各状态填入图 33-2 中。

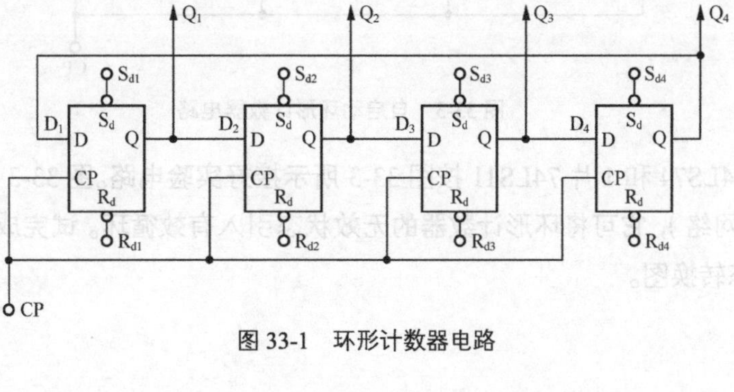

图 33-1　环形计数器电路

由图 33-1 可以看出每个触发器的状态转换关系为 $Q_1^{n+1}=Q_4^n$，$Q_2^{n+1}=Q_1^n$，$Q_3^{n+1}=Q_2^n$，$Q_4^{n+1}=Q_3^n$，由此很容易得到系统状态转换流程图。如果 $Q_1Q_2Q_3Q_4$ 初始状态为 1000，则主计数循环就循环一个“1”，经过 4 个时钟周期循环一次，循环长度为 4。除主循环外的其他状态在正常工作状态下不会出现，一旦进入无效状态，就再也回不到主计数循环中去了，这就是非自启动的情况。

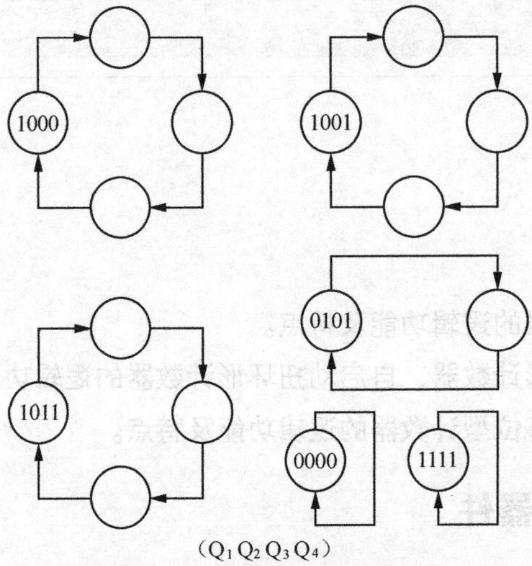

图 33-2 环形计数器状态转换图

2. 自启动环形计数器的功能测试

为了保证环形计数器无论处于哪种初始状态，都能自动进入主计数循环的有效状态中，则需要增加一个自启动电路，如图 33-3 所示。

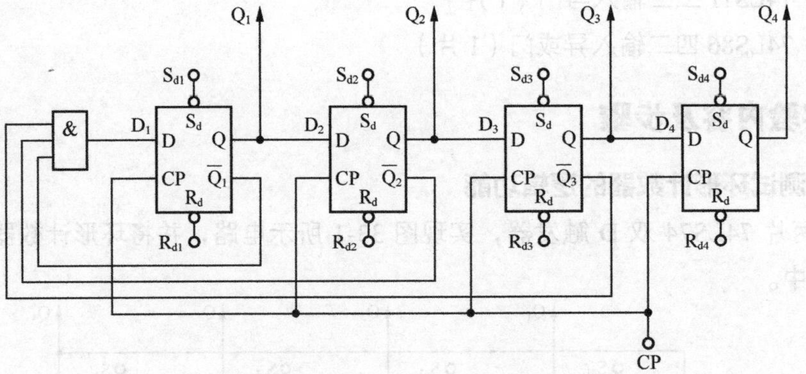

图 33-3 自启动环形计数器电路

用两片 74LS74 和 1 片 74LS11 按图 33-3 所示接好实验电路。图 33-3 中 $D_1=\overline{Q_1}\ \overline{Q_2}\ \overline{Q_3}$（自启动反馈网络），它可将环形计数器的无效状态引入有效循环。试完成图 33-4 自启动环形计数器状态转换图。

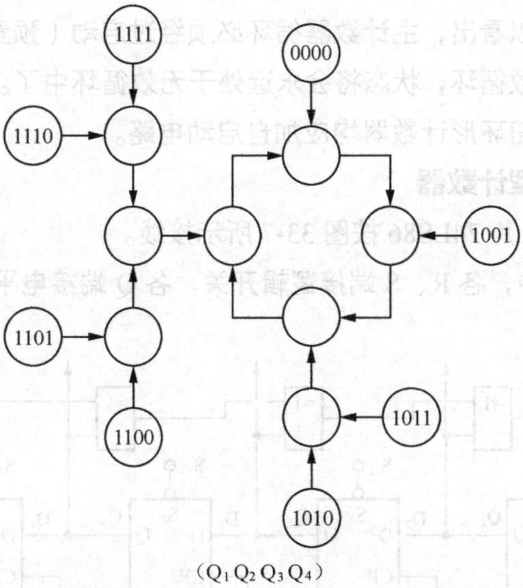

图 33-4　自启动环形计数器状态转换图

3. 扭环形计数器的功能测试

使用 2 片 74LS74，按图 33-5 所示电路接线。

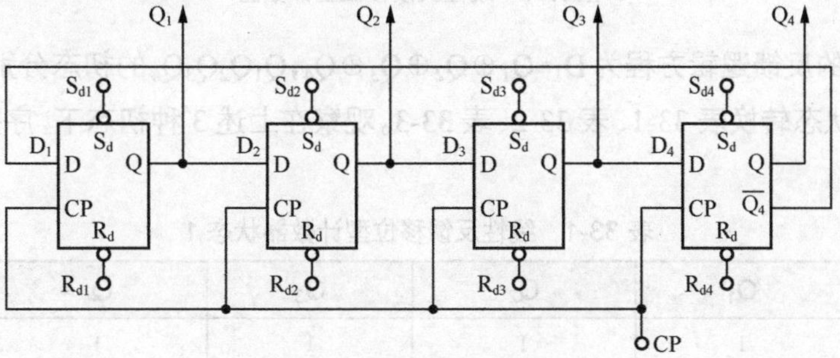

图 33-5　扭环形计数器电路

在图 33-5 中，$Q_1^{n+1}=\bar{Q}_4^n$，并将扭环形计数器各状态填入图 33-6 中。设初态为 0000 进入的循环为有效循环，则主计数循环中有 2×4=8 种有效状态，而另外的 $2^4-2\times4=8$ 种状态为无效循环。

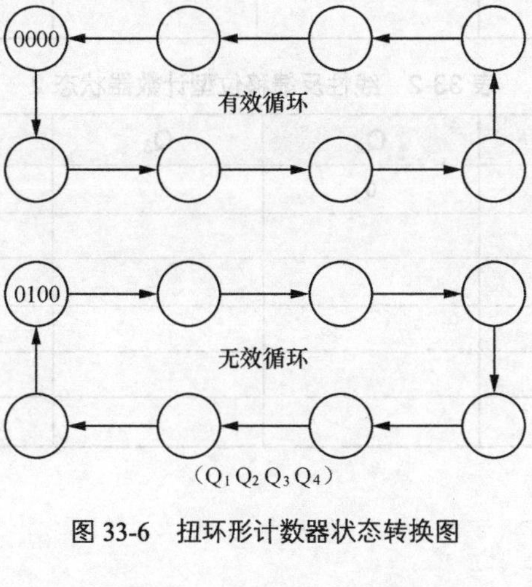

图 33-6　扭环形计数器状态转换图

从状态转换图中可以看出，主计数器循环必须经过启动（预置）才能进入，一旦断电或受外界干扰跳出主计数循环，状态将会永远处于无效循环中了。即这种线路没有自启动功能，因此实际应用的扭环形计数器均应加自启动电路。

4. 线性反馈移位型计数器

用两片 74LS74 和 1 片 74LS86 按图 33-7 所示接线。

其中 CP 端接单脉冲，各 R、S 端接逻辑开关，各 Q 端接电平显示。

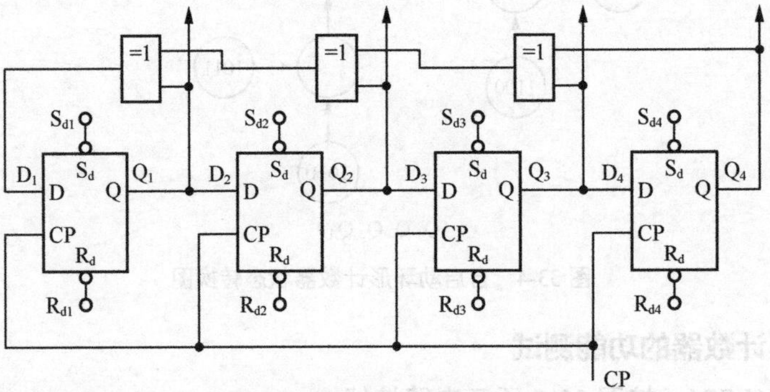

图 33-7 线性反馈移位型计数器

图33-7中的反馈逻辑方程为$D_1=Q_1\oplus Q_2\oplus Q_3\oplus Q_4$，$Q_1Q_2Q_3Q_4$的初态分别为1111、1000、1010时，完成状态转换表33-1、表33-2、表33-3。观察在上述3种初态下，序列$Q_1Q_2Q_3Q_4D_1$的变化规律。

表 33-1 线性反馈移位型计数器状态 1

CP	Q_1	Q_2	Q_3	Q_4	D_1
0	1	1	1	1	0
1					
2					
3					
4					
5					

表 33-2 线性反馈移位型计数器状态 2

CP	Q_1	Q_2	Q_3	Q_4	D_1
0	1	0	0	0	1
1					
2					
3					
4					
5					

表 33-3　线性反馈移位型计数器状态 3

CP	Q_1	Q_2	Q_3	Q_4	D_1
0	1	0	1	0	0
1					
2					
3					
4					
5					

四、思考题

1. 分析环形计数器的逻辑功能。

2. 设计自启动扭环形计数器，并画出其状态转换图。

3. 分析自启动环形计数器、自启动扭环形计数器、线性反馈移位型计数器的逻辑功能和特点及其不同。

五、实验要求

1. 完成实验中的各表格和状态转换图。

2. 独立完成实验，完成思考题，提交出完整的报告。

实验三十四

施密特触发器及其应用

一、实验目的

1. 进一步掌握施密特触发器的原理和特点。
2. 熟悉由施密特触发器构成的部分应用电路。
3. 学会正确使用 TTL、CMOS 集成的施密特触发器。

二、实验设备及元器件

1. 实验设备

（1）数字电路实验箱

（2）数字万用表

（3）双踪示波器

2. 元器件

（1）TTL 芯片

具有施密特触发特性的与非门 74LS132（1 片）

（2）CMOS 芯片

具有施密特触发特性的反相器 CD40106（1 片）

六缓冲器 / 转换器（反相）CD4009（1 片）

三、实验内容及步骤

1. 具有施密特触发特性的门电路特性测试

（1）74LS132 芯片的特性测试

图 34-1 所示为 74LS132 芯片的内部原理电路和逻辑符号。

用实验法测出芯片的电压传输特性曲线，并标出 V_{T+}、V_{T-}、ΔV_T 等值。

参照给定的原理电路图，说明 V_{T+}、V_{T-}、ΔV_T 等值和理论分析值是否一致。

理论分析时，可假设肖特基三极管的 $V_{BES}\approx0.8V$、$V_{CES}\approx0.3V$，肖特基二极管的正向导

通压降 $V_D \approx 0.4V$。

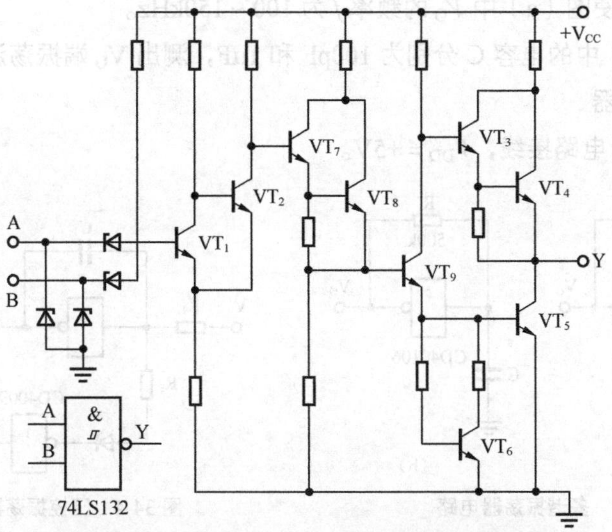

图 34-1　74LS132 芯片的内部原理电路和逻辑符号

（2）CMOS 芯片 CD40106 特性测试

图 34-2 所示为 CD40106 芯片的原理电路和逻辑符号。

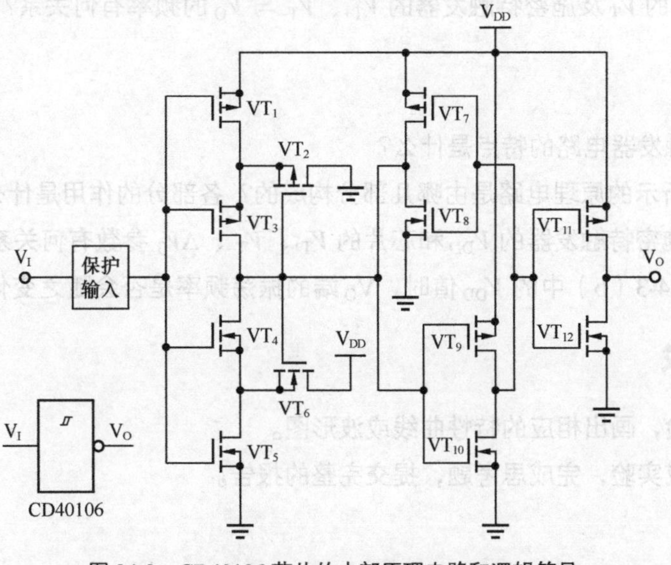

图 34-2　CD40106 芯片的内部原理电路和逻辑符号

令 V_{DD}=+5V，测出 CD40106 的 V_{T+}、V_{T-}、ΔV_T 值，画出相应的电压传输特性曲线。

改变 V_{DD} 值，使其分别为+10V、+15V，重复测量 V_{T+}、V_{T-}、ΔV_T 值，并画出相应的电压传输特性曲线。

2. 施密特触发器的应用

（1）多谐振荡器

按图 34-3 所示的电路接线，V_{DD}=+5V。

用双踪示波器观察图 34-3（a）、图 34-3（b）中电路输出端 V_O 的波形。

选择电容 C，使图（a）中 V_O 的频率 f 为 100 ~ 150kHz。

令图 34-3（b）中的电容 C 分别为 100pF 和 1μF，测出 V_O 端振荡波形的相应频率。

（2）压控振荡器

按图 34-4 所示电路接线，V_{DD} = +5V。

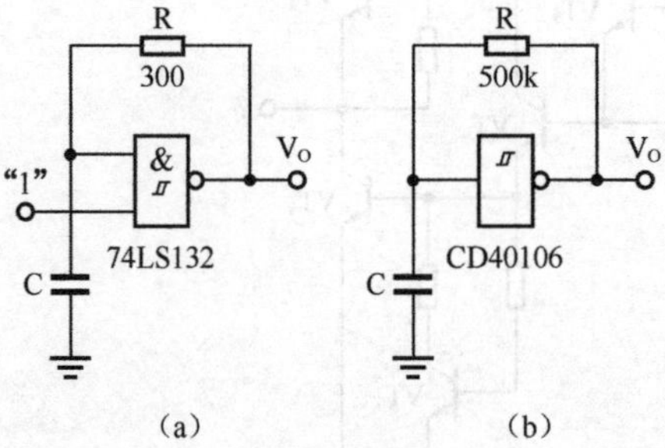

图 34-3　多谐振荡器电路

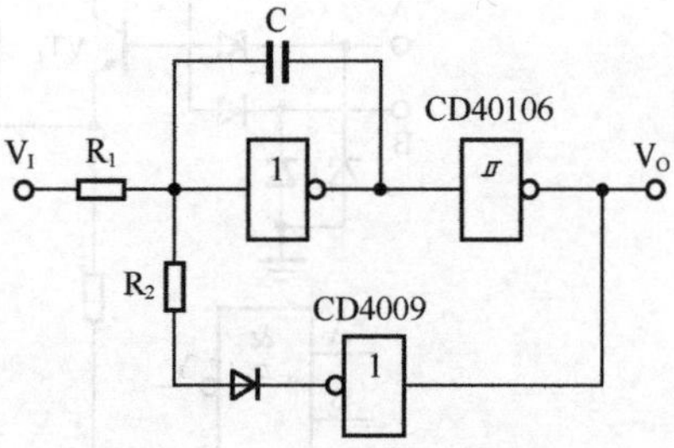

图 34-4　压控振荡器电路

信号 V_I 的变化范围为 2.5 ~ 5.0V，用双踪示波器观察并记录 V_O 端的波形。

当 V_I 取值分别为 2.5V、3V、3.5V、4V、4.5V、5V 时，测出 V_O 端波形相应的频率。

观察电路中元器件参数的大小（如电阻 R、电容 C）与 V_O 的频率有何关系？

观察与非门的 V_T 及施密特触发器的 V_{T+}、V_{T-} 与 V_O 的频率有何关系？

四、思考题

1. 施密特触发器电路的特点是什么？
2. 图 34-1 所示的原理电路是由哪几部分构成的？各部分的作用是什么？
3. CMOS 施密特触发器的 V_{DD} 和芯片的 V_{T+}、V_{T-}、ΔV_T 参数有何关系？
4. 改变图 34-3（b）中的 V_{DD} 值时，V_O 端的振荡频率是否会随之变化？如何变化？

五、实验要求

1. 完成实验，画出相应的特性曲线或波形图。
2. 独立完成实验，完成思考题，提交完整的报告。

实验三十五

单稳态触发器及其应用

一、实验目的

1. 掌握单稳态电路的原理和特点。
2. 熟悉部分单稳态触发器及其应用。
3. 学会正确使用集成的单稳态电路。

二、实验设备及元器件

1. 实验设备

（1）数字电路实验箱

（2）数字万用表

（3）双踪示波器

（4）函数信号发生器

2. 元器件

（1）TTL 芯片

单稳态触发器 74LS121（1 片）

（2）CMOS 芯片

双单稳态触发器 CD4528（1 片）

三、实验内容及步骤

1. 集成单稳态触发器功能测试

（1）TTL 芯片 74LS121 功能测试

74LS121 芯片的逻辑符号和逻辑结构如图 35-1 所示。

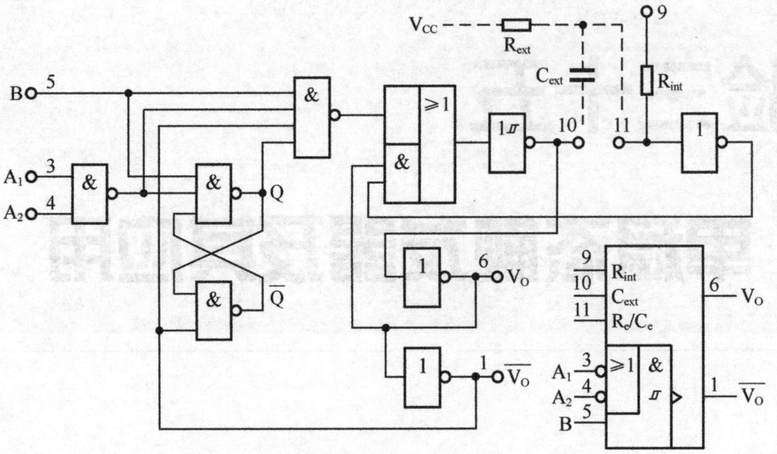

图 35-1　74LS121 逻辑符号和逻辑结构图

完成电路的接线，测定电路的功能，将结果填入表 35-1 中。

仔细观察在不同的输入条件下，输出端 V_O 的状态。

表 35-1　74LS121 各输入输出状态

A_1	A_2	B	V_O
X	L	H	
X	L	H	
X	X	H	
H	H	X	
H	↓	H	
↓	H	H	
↓	↓	H	
L	X	↑	
X	L	↑	

（2）74LS121 输出脉冲的宽度 T_W

在下列各参数条件下，测出 74LS121 输出脉冲的宽度 T_W，取负载电容 C_L=15pF。

使用内定时电阻，即 R_{int} 接 V_{CC}，C_{ext} = 80pF，R_{ext} 不接入。

使用外接定时电阻，R_{int} 不接 V_{CC}，R_{ext}=10kΩ，C_{ext}=100pF。

使用外接定时电阻，R_{int} 不接 V_{CC}，R_{ext}=10kΩ，C_{ext}=1μF。

合理选取元器件参数，使输出脉宽 T_W=10μs。

2. 单稳态电路的应用

（1）占空比可调的多谐振荡器

按图 35-2 所示电路接线，V_{DD}=+5V。

调节 C_{ext1} 和 R_{ext1}、C_{ext2} 和 R_{ext2} 可分别改变 V_O 脉冲高、低电平的宽度 t_1 和 t_2，从而改变 V_O 的占空比 q。

试按输出脉冲 V_O 的占空比 q=9/10，且正脉宽 t_1=70μs 的要求，调试电路，并测出所用元器件的参数值。

若将图 35-2 电路中 T_{R+}处加触发信号 V_I。则电路就成为上升沿触发的单稳态脉冲延迟电路。其输入、输出波形如图 35-3 所示。

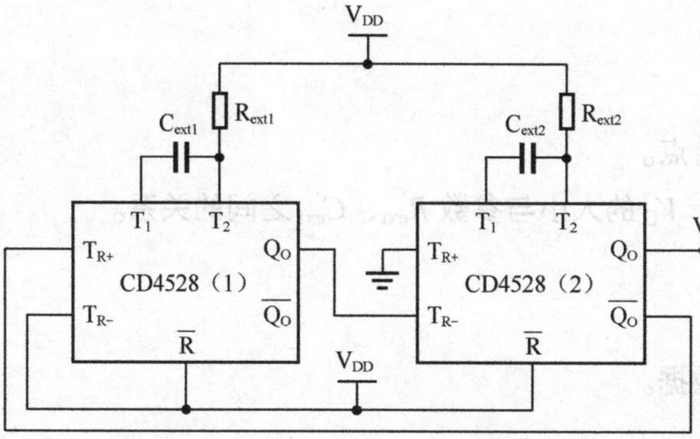

图 35-2　占空比可调的多谐振荡器

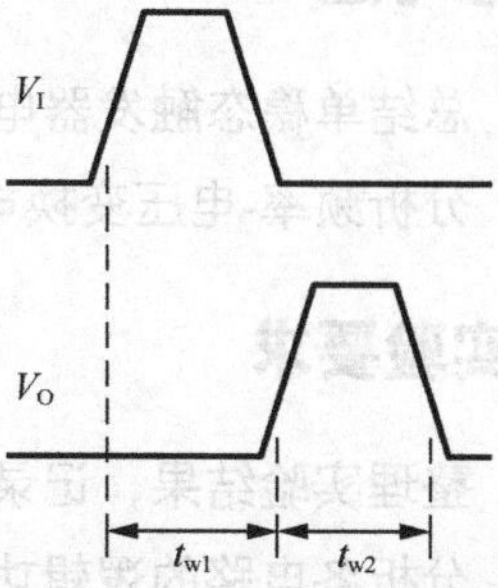

图 35-3　单稳态脉冲延迟电路输出波形

t_{w1}、t_{w2} 分别由外接电阻、电容确定，近似公式如下。

$$t_{w1} \approx R_{ext1} \cdot C_{ext1}/2$$

$$t_{w2} \approx R_{ext2} \cdot C_{ext2}/2$$

若令 R_{ext1}=20kΩ，R_{ext2}=10kΩ，C_{ext1}=C_{ext2}=0.1μF，用占空比可调的多谐振荡器产生的 q=5/6、t_1=0.5ms 的脉冲作为 V_I 信号，观察并记录 V_O、V_I 波形，读出 t_{w1}、t_{w2} 的数值，将它们与理论估算值相比较，分析是否一致?

（2）频率-电压变换电路

利用单稳态触发器和积分网络可构成频率-电压变换电路，即电路的输出电压 V_O 将随输入信号的频率变化而变化。如输入信号 V_I 的频率上升，则 V_O 值增大；反之，信号频率下降，V_O 值减小。

按图 35-4 所示电路接线，令 V_{DD}=+5V。图中 V_I 为频率可调的脉冲信号。

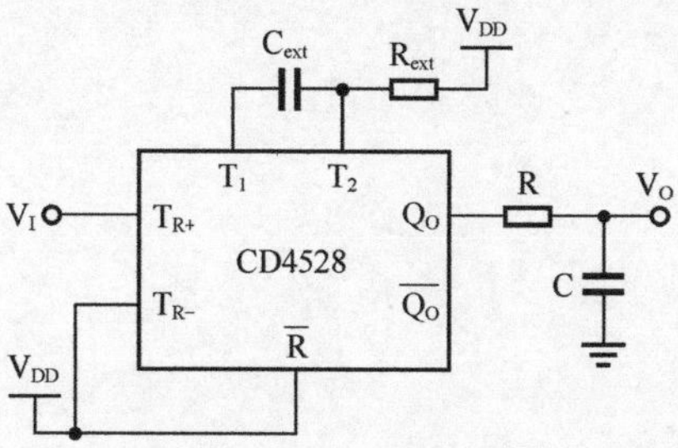

图 35-4　频率-电压变换电器

为使电路正常工作，在选择 R_{ext}、C_{ext} 时，要保证单稳态电路的输出端 Q 的脉宽要小于输入信号 V_I 的最小周期。

先选择几组不同频率的信号作为 V_I 输入，观察在不同频率下，V_O 的相应变化。

在一定的信号频率下，改变 R_{ext}、C_{ext} 参数值，观察 V_O 的变化。

（3）自行设计调试一个压控振荡器电路，其输出作为图 35-4 所示电路的输入 V_I，在压控振荡器输入不同的电压时，观察压控振荡器的输出频率和频率-电压变换电路的输出 V_O 的变化情况。

记录上述实验的有关现象和数据，将结果列成表格的形式。

四、思考题

1. 总结单稳态触发器电路的特点。
2. 分析频率-电压变换电路中，V_O 的大小与参数 R_{ext}、C_{ext} 之间的关系。

五、实验要求

1. 整理实验结果，记录实验数据。
2. 分析各电路的逻辑功能。
3. 独立完成实验，完成思考题，提交完整的报告。

实验三十六

多路模拟开关及其应用

一、实验目的

1. 了解多路模拟开关的组成及工作原理。
2. 掌握芯片 CD4051 的功能测试方法。
3. 了解部分应用电路。

二、实验设备及元器件

1. 实验设备

（1）数字电路实验箱

（2）数字万用表

（3）双踪示波器

（4）函数信号发生器

2. 元器件

（1）CMOS 芯片

八选一模拟开关 CD4051（1 片）

十六进制加/减计数器 CD4516（1 片）

四异或门 CD4070（1 片）

通用运算放大器 CA3140（1 片）

（2）电阻

27kΩ、100kΩ（各 1 个）

18kΩ、75kΩ、590kΩ（各 2 个）

（3）电容 0.01μF（1 个）

三、实验内容及步骤

1. 多路模拟开关的功能测试

CD4051 芯片是由一个地址译码器和 16 引脚的八路双向模拟开关组成，其逻辑符号和逻辑框图如图 36-1 所示。

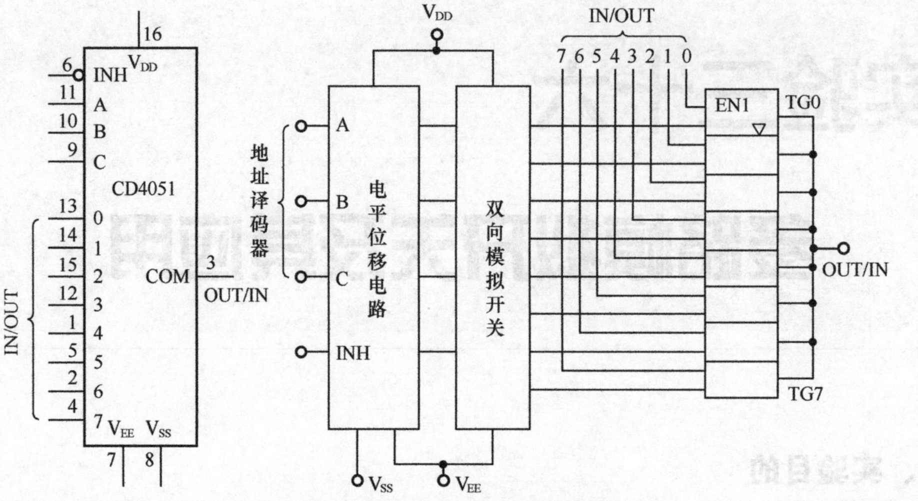

图 36-1　CD4051 芯片逻辑符号和逻辑框图

CD4051 芯片具有如下特点。

（1）具有双向传输的功能。

（2）具有电平位移的功能。

（3）具有多电源 V_{DD}、V_{EE}。

（4）有禁止端 INH。禁止时，输出呈高阻态，芯片的功能如表 36-1 所示。

表 36-1　CD4051 芯片的功能

输入状态				通道接通情况
INH	C	B	A	
1	X	X	X	均不通
0	0	0	0	0
0	0	0	1	1
0	0	1	0	2
0	0	1	1	3
0	1	0	0	4
0	1	0	1	5
0	1	1	0	6
0	1	1	1	7

令 V_{DD}=+5V、V_{EE}=V_{SS}=0V，完成芯片的接线，并检测芯片的功能。

令 V_{DD}=+5V、V_{SS}=0V、V_{EE}= −5V 时，测定芯片此时能通过的模拟信号的峰峰值。

在 V_{SS}=0V、V_{EE}=0V、V_{DD} 分别取+5V、+10V、+15V 时，测出芯片的平均传输时间 t_{pd}（仅测试其中一个通道）。

2. CD4051 芯片的应用

（1）传送具有正负极性的交流信号

令 V_{DD}=+5V、V_{SS}=0V、V_{EE}= −5V。在芯片的 8 个模拟输入端分别输入不同频率的正弦信号。用双踪示波器观察 OUT/IN 端在 CBA 和 INH 端取不同状态时的波形(在 CBA 和 INH 端应加 0V 或 5V 的逻辑电平)。

调节正弦信号的幅度，观察输出波形有何变化。

若将正弦信号改为在 OUT/IN 端输入，则能否在原模拟输入端得到相应的输出波形？试用实验验证。

注：CD4051 芯片在传送峰峰值为 15V 的模拟电压信号时，要求 V_{DD}=+5V、V_{EE}=−8V。

（2）数字脉冲合成音频正弦波

按图 36-2 所示电路接线。其中 CD4516 芯片为可预置的四位二进制加/减法计数器，在这里作为十六进制加法计数电路。CA3140 芯片为高输入阻抗集成运放。这两种芯片的工作原理和使用，可自行查阅有关资料。

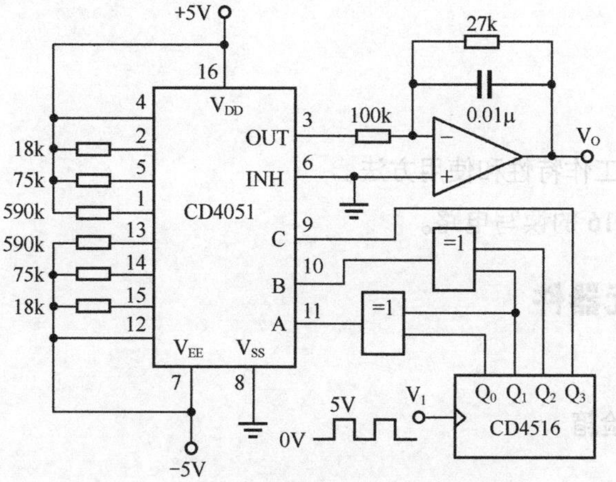

图 36-2　数字脉冲合成音频正弦波电路

① 将输入信号 V_I 调整为幅值 0 ~ 5V、频率为 16kHz 的脉冲(可直接用 TTL 逻辑电平的脉冲经 TTL 电路得到)，用双踪示波器观察 Q_0 ~ Q_3 的波形。

② 观察 C、B、A 端和 V_I 端的波形并画出时序图。

③ 观察并记录 OUT 端和 V_O 端相对于 V_I 端的波形。测出 V_O 端波形的幅值和频率。

④ 改变 V_I 端信号的频率，观察 V_O 端信号波形的变化。若将 V_I 的频率由 16kHz 上升至 32kHz、80kHz，测出 V_O 端相应的信号频率。

⑤ 改变 V_{EE} 端的电压值，观察 V_O 端信号波形的变化。若将 V_{EE} 分别改为 0V 和−8V，比较 V_O 端波形和原波形有何不同？

四、思考题

说明图 36-2 中 CA3140 构成的是何种电路？起何作用？

五、实验要求

1. 整理各步实验结果，记录实验数据，画出相应的波形。
2. 独立完成实验，完成思考题，提交完整的报告。

实验三十七

存储器

一、实验目的

1. 掌握存储器的工作特性和使用方法。

2. 了解存储器 6116 的读写电路。

二、实验设备及元器件

1. 实验设备

（1）数字电路实验箱

（2）数字万用表

2. 元器件

（1）存储器 6116（1 片）

（2）8D 触发器 74LS273（1 片）

（3）锁存器 74LS245（1 片）

（4）四二输入与非门 74LS00（1 片）

（5）四二输入与门 74LS08（1 片）

三、实验内容及步骤

存储器 6116 芯片的引脚图和功能表如图 37-1 所示。注意，6116 芯片为静态随机存储器（RAM），在实验过程中 6116 芯片不能掉电。如果掉电，所存的数据会全部丢失。

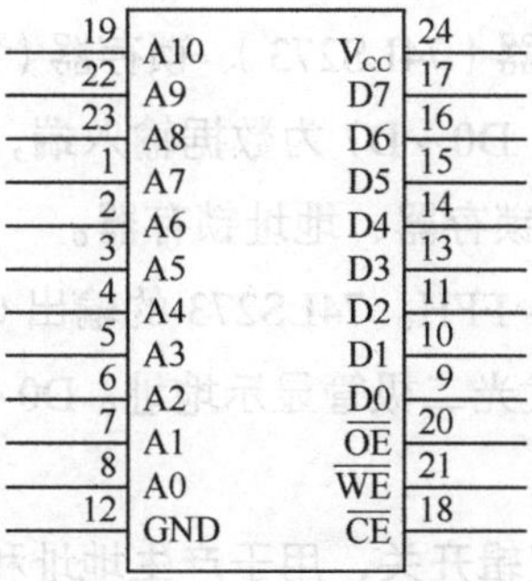

CE	WE	OE	输入/输出
H	X	X	不选择
L	H	L	读
L	L	H	写
L	L	L	写

图 37-1　存储器 6116 芯片引脚图及功能表

6116 存储电路按图 37-2 所示接线。

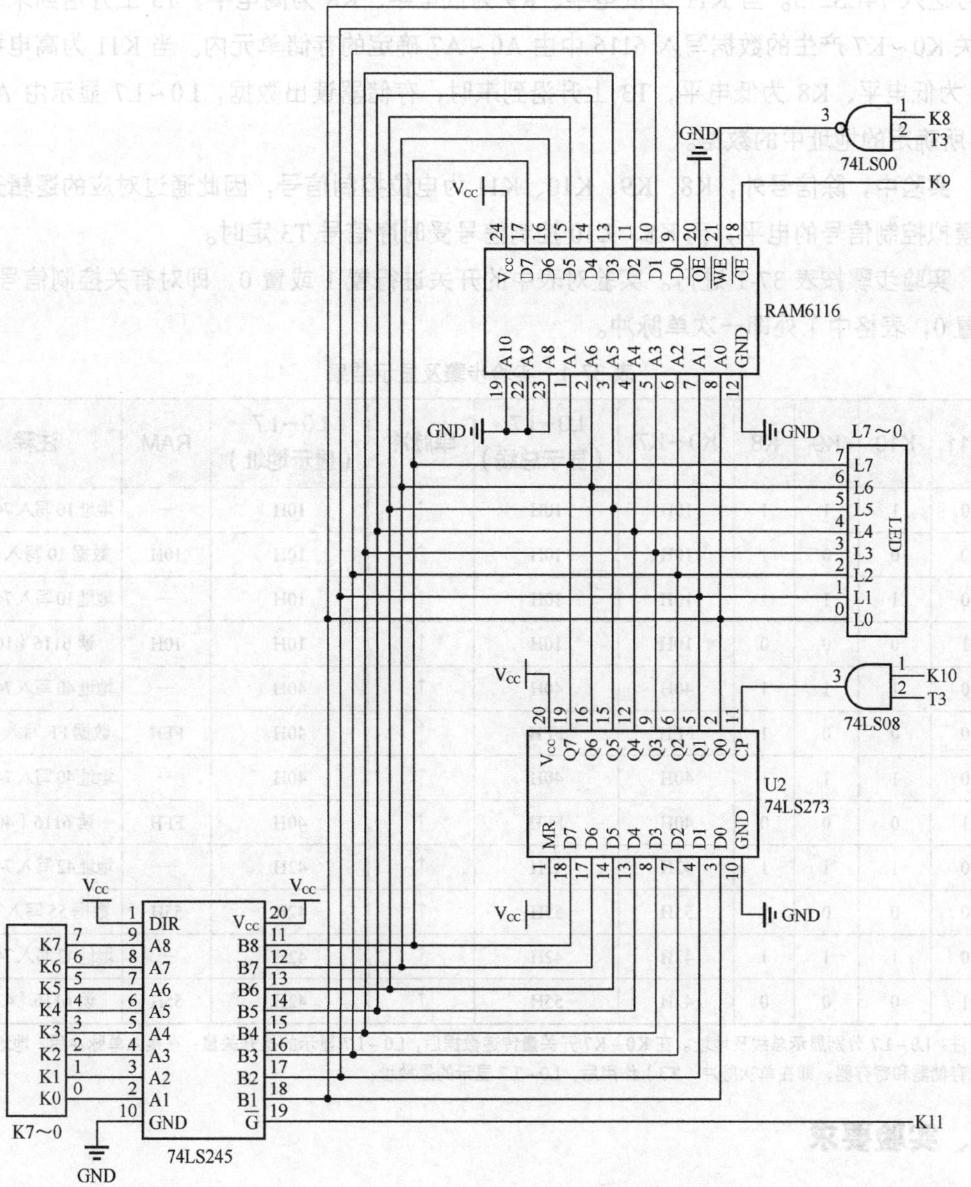

图 37-2　6116 存储器电路

6116 存储电路由存储器（6116）、8D 触发器（74LS273）、锁存器（74LS245）等组成。

74LS273 是一种带清除功能的 8D 触发器，D0～D7 为数据输入端，Q0～Q7 为数据输出端，正脉冲触发，低电平清除，常用作数据锁存器、地址锁存器。

6116 芯片的 A8～A10 接地，地址为 00H～FFH。74LS273 的输出 Q0～Q7 接 6116 芯片的 A0～A7，用于提供存储器地址，并通过发光二极管显示地址。D0～D7 为总线，通过发光二极管可以显示数据。

T3 为单脉冲，提供正脉冲。K0～K7 为逻辑开关，用于产生地址和数据。L0～L7 为电平显示，显示总线和地址。

当 K11 为低电平、K10 为高电平，T3 信号上升沿到来时，开关 K0～K7 产生的地址信号送入 74LS273。当 K11 为低电平、K9 为低电平、K8 为高电平，T3 上升沿到来时，开关 K0～K7 产生的数据写入 6116 中由 A0～A7 确定的存储单元内。当 K11 为高电平、K9 为低电平、K8 为低电平，T3 上升沿到来时，存储器读出数据，L0～L7 显示由 A0～A7 所确定的地址中的数据。

实验中，除信号外，K8、K9、K10、K11 为电位控制信号，因此通过对应的逻辑开关来模拟控制信号的电平，而 K8、K10 控制信号受时序信号 T3 定时。

实验步骤按表 37-1 进行。实验对表中的开关进行置 1 或置 0，即对有关控制信号置 1 或置 0，表格中↑处即一次单脉冲。

表 37-1　实验步骤及显示结果

K11	K10	K9	K8	K0～K7	L0～L7（显示总线）	单脉冲	L0～L7（显示地址）	RAM	注释
0	1	1	1	10H	10H	↑	10H	—	地址 10 写入 74L273
0	0	0	1	10H	10H	↑	10H	10H	数据 10 写入 6116
0	1	1	1	10H	10H	↑	10H	—	地址 10 写入 74L273
1	0	0	0	10H	10H	↑	10H	10H	读 6116（10）
0	1	1	1	40H	40H	↑	40H	—	地址 40 写入 74L273
0	0	0	1	FFH	FFH	↑	40H	FFH	数据 FF 写入 6116
0	1	1	1	40H	40H	↑	40H	—	地址 40 写入 74L273
1	0	0	0	40H	FFH	↑	40H	FFH	读 6116（40）
0	1	1	1	42H	42H	↑	42H	—	地址 42 写入 74L273
0	0	0	1	55H	55H	↑	42H	55H	数据 55 写入 6116
0	1	1	1	42H	42H	↑	42H	—	地址 42 写入 74L273
1	0	0	0	42H	55H	↑	42H	55H	读 6116（42）

注：L0～L7 分别显示总线及地址。在 K0～K7 开关量传递数据后，L0～L7 显示的是开关量；在接入单脉冲后，地址数据进入存储器和寄存器，即在单次脉冲（T3）作用后，L0～L7 显示的是地址。

四、实验要求

独立完成实验，提交完整的报告。

实验三十八

多功能数字钟的设计

一、实验目的

1. 学会熟练使用数字逻辑电路。
2. 掌握多功能数字钟的设计方法。

二、实验设备及元器件

1. 实验设备

（1）数字电路实验箱
（2）数字万用表
（3）双踪示波器
（4）函数信号发生器

2. 元器件

（1）74LS00（3 片）
（2）74LS04（1 片）
（3）74LS390（4 片）
（4）74LS08（1 片）
（5）电容 0.01μF（2 只）
（6）开关（2 个）
（7）蜂鸣器（1 个）
（8）电阻 3.3kΩ（2 只）
（9）电阻 1kΩ、22kΩ（各 1 只）

三、实验内容及步骤

1. 数字钟的功能要求

（1）秒、分设计使用六十进制计数器。

（2）时设计使用二十四进制计数器。

（3）可手动校正，即能分别进行分、时的校正。只要将开关置于手动位置。可分别对分、时进行连续脉冲输入调整。

（4）整点报时。整点报时电路要求在每个整点前时钟鸣叫 5 次低音（500Hz），整点时再鸣叫 1 次高音（1000Hz）。

2.实验原理

数字钟电路的组成框图如图 38-1 所示。

该系统的工作原理：固定脉冲信号源产生高稳定度的 1Hz 脉冲信号，作为数字钟的时间基准，秒计数器计满 60 后向分计数器进位，分计数器计满后 60 后向时计数器进位，小时计数器按“24 翻 1”的规律计数。计数器输出经译码器译码后送显示器显示。计时出现误差时可以用校时电路进行校正。

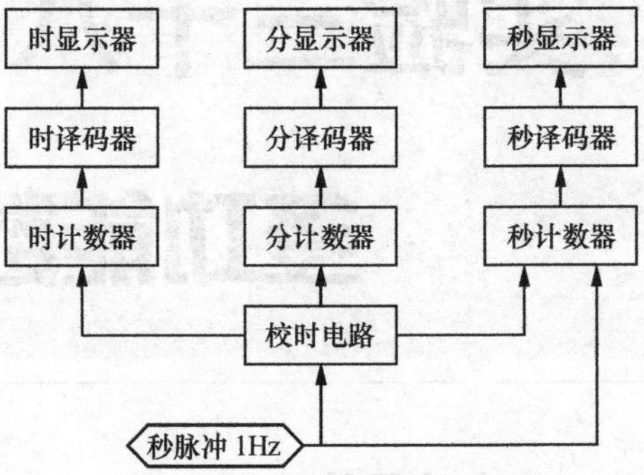

图 38-1　数字钟电路组成框图

3. 电路的设计

设计电路时应尽量选择常用的集成电路芯片，并要考虑少用多种型号芯片。

（1）基准 1Hz 脉冲信号

基准 1Hz 脉冲信号是数字钟的核心，其稳定度及频率的精度决定了数字钟的准确度，数字实验箱采用 1MHz 石英晶体构成的振荡器电路，振荡器的频率稳定度和准确度都很高，经分频后获得的 1Hz 的标准脉冲。

（2）时、分、秒计数器的设计

分、秒计数器都是模 $M = 60$ 的计数器，其计数规律为 00→01→02→…→58→59→00，因此选择二、五、十进制计数器 74LS390，再将它们级联组成模数 M=60 的计数器。秒计数器电路如图 38-2 所示，分计数器电路如图 38-3 所示。

时计数器是一个“24 翻 1”的特殊进制计数器，即当数字钟计到 23 时 59 分 59 秒时，再向秒的个位计数器输入一个脉冲时，数字钟应自动显示为 00 时 00 分 00 秒，实现日常生活中习惯用的计时规律，该电路可选择二、五、十进制计数器 74LS390 级联组成。时计数器电路如图 38-4 所示。

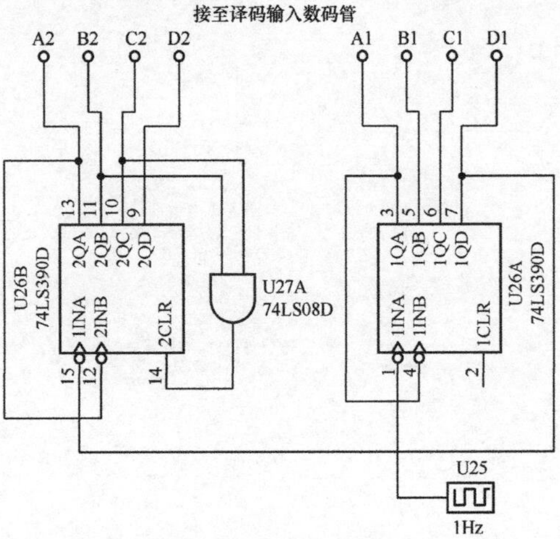

图 38-2　秒计数器电路

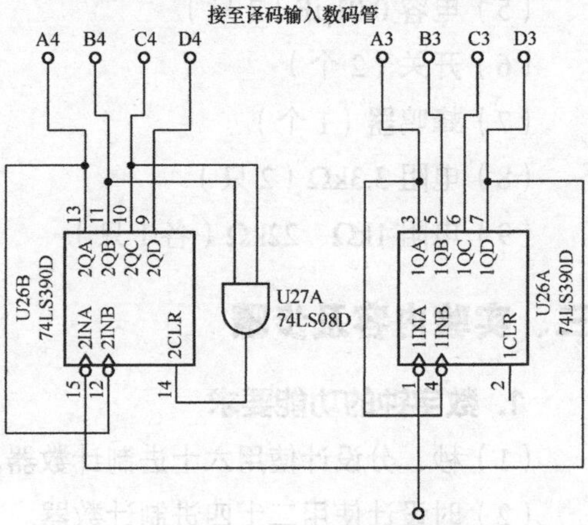

图 38-3　分计数器电路

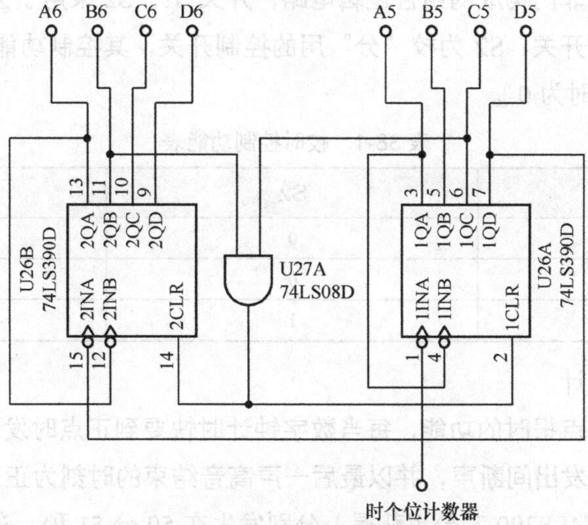

图 38-4 时计数器电路

（3）校时电路设计

当数字钟接通电源或计时出现错误时，需要校正时间，校时是数字钟应具备的基本功能，一般的电子手表都具有时、分、秒校时功能。为使电路简单，这里只进行分和时的校时。

校正时间的方法：通常，首先截断正常的计数通路，然后再进行人工触发计数或将频率较高的方波信号加到需要校正的计数单元的输入端，校正完成后，再将计数器转入正常计时状态即可。根据要求，数字钟应具有分校正和时校正功能，因此，应截断分个位和时个位的直接计数通路，并采用正常计时信号与校正信号可以随时切换的电路接入电路中。图 38-5 所示为所设计的校时电路。

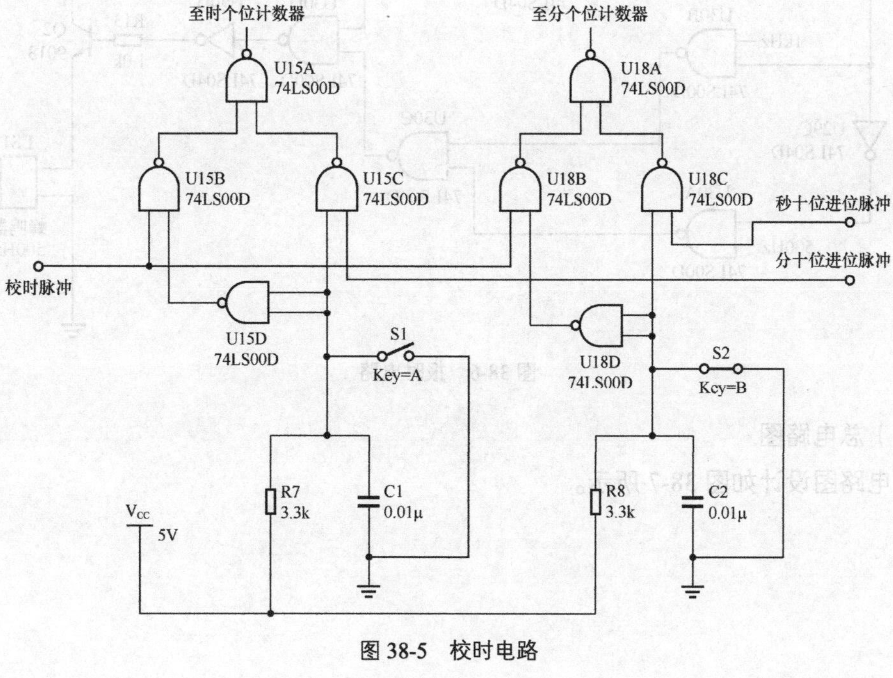

图 38-5 校时电路

校时电路是由与非门构成的组合逻辑电路，开关 S1、S2 采用了去抖动电路。其中 S1 为校“时”用的控制开关，S2 为校“分”用的控制开关，其控制功能如表 38-1 所示（开关闭合时为 1；断开时为 0）。

表 38-1 校时控制功能表

S1	S2	功能
0	0	计数
1	0	校时
0	1	校分

（4）报时电路设计

采用仿广播台整点报时的功能，每当数字钟计时快要到正点时发出响声，通常按照 4 低音、1 高音的形式发出间断声，并以最后一声高音结束的时刻为正点时刻。4 低音（约 500Hz，由 1kHz 经 74LS390 二分频获得）分别发生在 59 分 51 秒、59 分 53 秒、59 分 55 秒、59 分 57 秒，最后一声高音（约 1kHz）发生在 59 分 59 秒，它们的持续时间均为 1 秒。报时电路如图 38-6 所示。

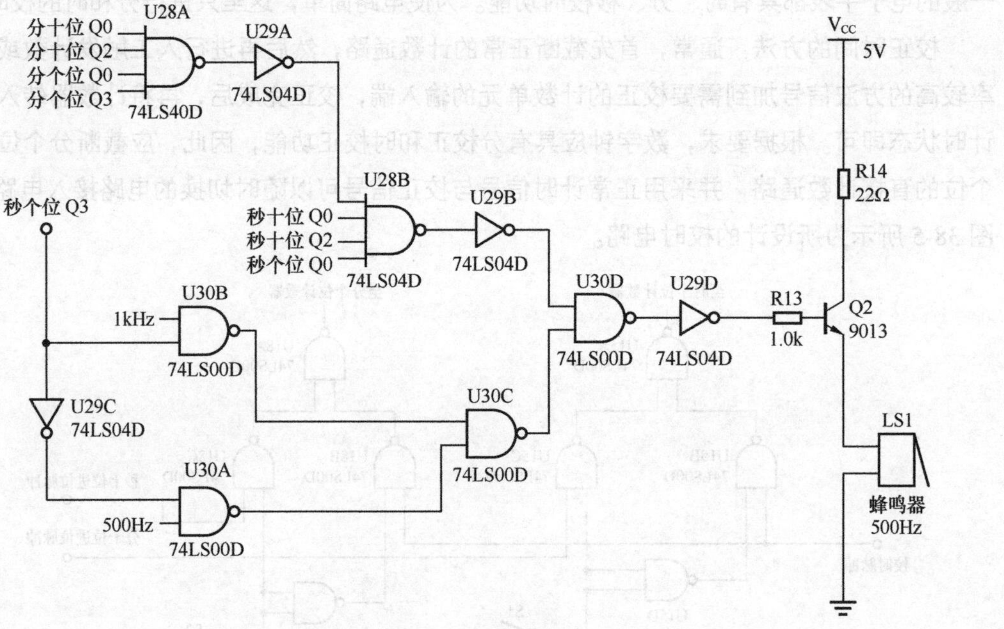

图 38-6 报时电路

（5）总电路图

总电路图设计如图 38-7 所示。

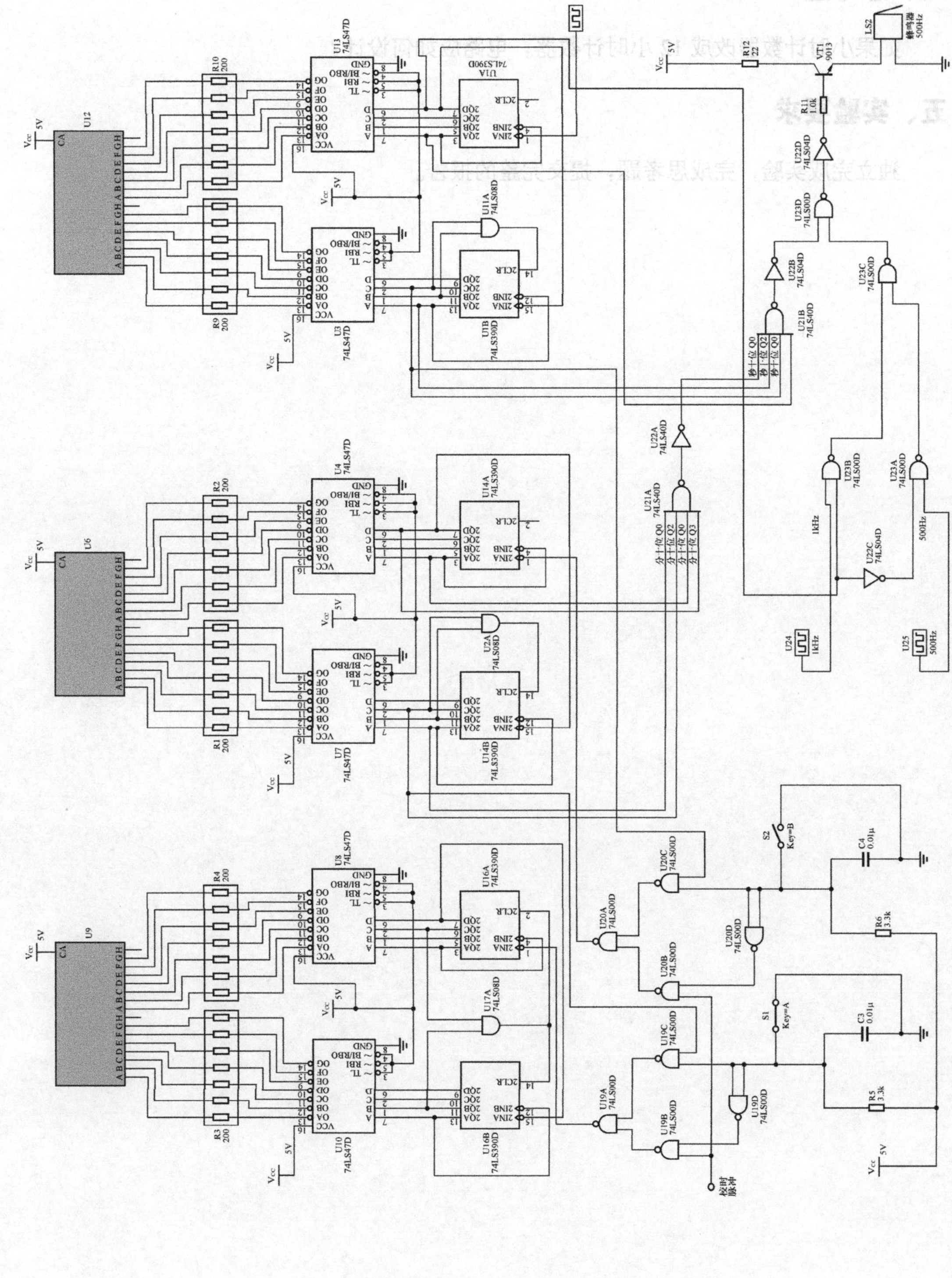
U12
U6
U9
U13 74LS47D
U3 74LS47D
U4 74LS47D
U7 74LS47D
U8 74LS47D
U10 74LS47D
U1A 74LS390D
U1B 74LS390D
U14A 74LS390D
U14B 74LS390D
U16A 74LS390D
U16B 74LS390D
U11A 74LS08D
U2A 74LS08D
U17A 74LS08D
U21A 74LS40D
U21B 74LS40D
U22A 74LS04D
U22B 74LS04D
U22C 74LS04D
U22D 74LS04D
U23A 74LS00D
U23B 74LS00D
U23C 74LS00D
U23D 74LS00D
U19A 74LS00D
U19B 74LS00D
U19C 74LS00D
U19D 74LS00D
U20A 74LS00D
U20B 74LS00D
U20C 74LS00D
U20D 74LS00D
R1 200
R2 200
R3 200
R4 200
R9 200
R10 200
R5 3.3k
R6 3.3k
R11 1.0k
R12 22
C3 0.01μ
C4 0.01μ
S1 Key=A
S2 Key=B
VT1 9013
LS2 蜂鸣器 500Hz
U24 1kHz
U25 500Hz
1kHz
500Hz
校时脉冲
秒十位 Q0
秒十位 Q2
秒个位 Q0
分十位 Q0
分十位 Q2
分个位 Q0
分个位 Q3
V_{CC}
5V
图 38-7 总电路图

接好电路图，测试电路性能是否满足设计要求，如果满足不了要求，则分析其原因，排除故障。

四、思考题

如果小时计数器改成 12 小时计数器，电路应如何设计？

五、实验要求

独立完成实验，完成思考题，提交完整的报告。

实验三十九

交通灯控制电路的设计

一、实验目的

1. 进一步掌握计数器、触发器、门电路的工作原理及应用。

2. 学会运用数字电路知识设计组合逻辑电路和时序逻辑电路。

二、实验设备及元器件

1. 实验设备

(1)数字电路实验箱

(2)数字万用表

2. 元器件

计数器、移位寄存器、数据选择器、译码器、触发器、振荡器、门电路等。

三、实验内容及步骤

1. 交通灯控制电路的设计要求

设计一个带有数字显示功能的自动转换交通灯控制电路，该电路可以完成定时、倒计时、数字显示及控制红、黄、绿灯的亮、灭转换功能。具体要求：十字路口的甲、乙两车道上的车辆交替通行，每次通行 25s，每次交替通行前，黄灯先亮 5s 作为过渡，用红、黄、绿色发光二极管表示交通信号灯。

2. 工作原理

交通灯控制电路的原理框图如图 39-1 所示。它是由秒脉冲发生器、控制器、定时器、译码器等组成。秒脉冲发生器为控制器和定时器提供标准的时钟信号；控制器控制定时器和译码器，实现电路状态的转换；译码器输出两组信号灯的控制信号，经驱动电路以驱动信号灯工作。

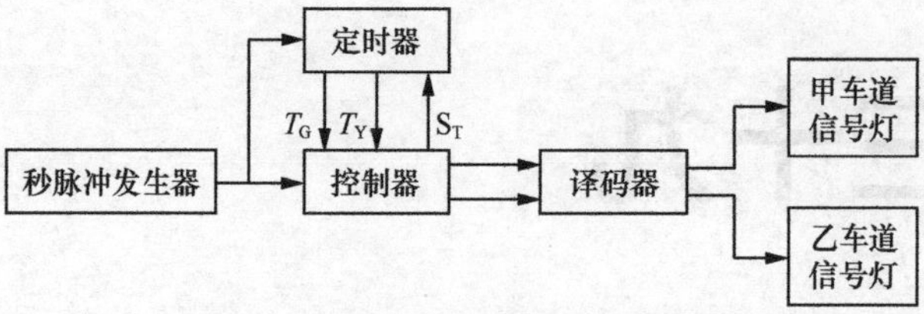

图 39-1 交通灯控制电路原理框图

图 39-1 中，T_G表示甲、乙两车道绿灯亮起的时间间隔，即车辆允许通行的时间间隔。T_Y表示黄灯亮的时间间隔。S_T表示由控制器发出的状态转换信号控制定时器开启下一工作状态。电路有 4 种工作状态，介绍如下。

（1）甲车道绿灯亮，乙车道红灯亮。表示甲车道上的车辆允许通行，乙车道上的车辆禁止通行。绿灯亮足规定时间间隔 T_G后，控制器发出状态转换信号 S_T，转换到下一工作状态。

（2）甲车道黄灯亮，乙车道红灯亮。表示甲车道上未越过停车线的车辆停止通行，已越过停车线的车辆继续通行，乙车道上的车辆禁止通行。黄灯亮足规定时间间隔 T_Y后，控制器发出状态转换信号 S_T，转换到下一工作状态。

（3）甲车道红灯亮，乙车道绿灯亮。表示甲车道上的车辆禁止通行，乙车道上的车辆允许通行。绿灯亮足规定时间间隔 T_G后，控制器发出状态转换信号 S_T，转换到下一工作状态。

（4）甲车道红灯亮，乙车道黄灯亮。表示甲车道上的车辆禁止通行，乙车道上未越过停车线的车辆停止通行，已越过停车线的车辆继续通行。黄灯亮足规定时间间隔 T_Y后，控制器发出状态转换信号 S_T，系统又转换到第（1）种工作状态。

3. 电路的设计

对设计要求进行论证，制定出切实可行的设计方案，画出逻辑电路图。可用仿真软件对设计电路进行仿真，以验证方案的可行性。然后安装并调试电路，实现设计相关要求。

四、思考题

若在设计要求中加入左转弯车道信号灯，应如何设计电路?

五、实验要求

1. 总结设计思路、调试方法及注意事项。
2. 独立完成实验，完成思考题，提交完整的设计报告。

实验四十

多路智力竞赛抢答器的设计

一、实验目的

1. 进一步掌握译码器、锁存器、555 定时器、门电路的工作原理及应用。
2. 学会分析和解决数字电路调试过程中出现的各种问题。

二、实验设备及元器件

1. 实验设备

（1）数字电路实验箱

（2）数字万用表

2. 元器件

优先译码器、译码器、RS 锁存器、555 定时器、门电路、电阻、电容若干。

三、实验内容及步骤

1. 多路智力竞赛抢答器的设计要求

设计一个带有声光显示功能的八路智力抢答电路，可同时供 8 名选手参加比赛。该抢答器具有数码锁存和显示功能，抢答开始后，优先抢答者的编号立即锁存，并在 LED 数码管上显示，同时，扬声器给出声音提示，此外，输入电路被封锁，其他 7 位选手的输入信号无效，优先抢答者的编号一直保持到主持人将系统清零为止。主持人可以预置抢答时间，抢答开始后，参赛选手在设定的时间内抢答有效。主持人有一个控制按钮，用来控制系统清零（编号显示数码管灯灭）和抢答的开始。

2. 工作原理

多路智力竞赛抢答器的原理框图如图 40-1 所示。它由主体电路和定时控制电路两部分组成。主体电路完成基本抢答功能，即开始抢答后，当选手按动抢答键时，显示选手编号，扬声器发出声音提示，同时封锁输入电路，禁止其他选手抢答。定时控制电路完成定时抢答功能。

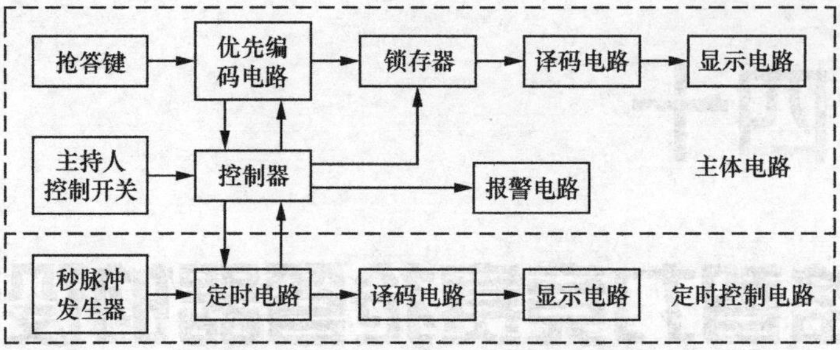

图 40-1　多路智力竞赛抢答器的原理框图

图 40-1 所示的抢答器工作过程：接通定时器及显示器上的电源时，节目主持人将开关置于“清除”位置，抢答器处于禁止工作状态，编号显示器灭灯，显示器显示设定的时间，当节目主持人宣布开始抢答题目，同时将控制开关拨到“开始”位置，扬声器发出声音提示，抢答器处于工作状态，定时器倒计时。当定时时间到，却没有选手抢答时，系统报警并封锁输入电路，禁止选手超时后抢答。当选手在定时时间内按动抢答键时，抢答器要完成以下 4 项工作。

（1）优先编码电路立即分辨出抢答者的编号，并由锁存器进行锁存，然后由译码电路显示编号。

（2）扬声器发出短暂提示，提醒节目主持人注意。

（3）控制电路对输入编码电路进行封锁，避免其他选手再次抢答。

（4）控制电路要使定时器停止工作，时间显示器上显示剩余的抢答时间，并保持状态直到主持人将系统清零为止。

（5）当选手将问题回答完毕后，主持人操作控制开关，使系统恢复到禁止工作状态，以便进行下一轮抢答。

3. 电路的设计

对设计要求进行论证，制定切实可行的设计方案，画出逻辑电路图。可用仿真软件对设计电路进行仿真，以验证方案的可行性，调试电路，实现设计相关要求。

四、思考题

若需要一个可供 16 名选手参加比赛的抢答器，并具有定时抢答功能，应如何设计电路?

五、实验要求

1. 总结设计思路、调试方法及注意事项。

2. 独立完成实验，完成思考题，提交完整的设计报告。

附 录

附录 A 双踪示波器使用说明

一、概述

双踪示波器是具有显示波形及测量信号频率、幅度等功能的仪器，在电子电路实验中经常被用到，这里以固纬电子有限公司生产的 GDS-1102B 型数字双踪示波器和 GOS-620 型模拟双踪示波器为例，简要说明双踪示波器的使用方法。

二、GDS-1102B 型数字双踪示波器使用说明

1. 面板介绍

GOS-1102B 数字双踪示波器的前面板如图 A-1 所示，其各部分名称及功能如下。

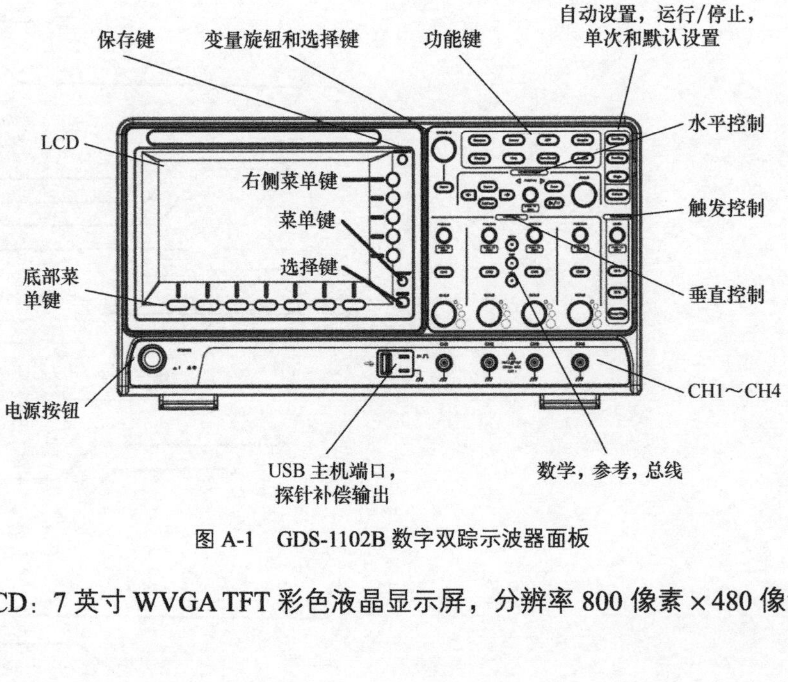

图 A-1　GDS-1102B 数字双踪示波器面板

（1）LCD：7 英寸 WVGA TFT 彩色液晶显示屏，分辨率 800 像素 ×480 像素，宽视角显示。

（2）菜单键：右侧菜单键和底部菜单键用于选择 LCD 上的界面菜单。7 个底部菜单键位于显示面板底部，用于选择菜单项；面板右侧的菜单键用于选择变量或选项。

（3）保存键

：用来一键保存或打印双踪示波器当前显示屏页面。

（4）变量旋钮和选择键

：VARIABLE 可调旋钮用于增加/减少数值或选择参数；Select 按键用于确认选择。

（5）功能键：进入和设置 GDS-1102B 的不同功能。

（6）测量 Measure ：设置和运行自动测量项目。

（7）光标 Cursor ：设置和运行光标测量。

（8）APP APP ：设置和运行 GW Instek App。

（9）捕获 Acquire ：设置捕获模式，包括分段存储功能。

（10）显示 Display ：显示设置。

（11）帮助 Help ：显示帮助菜单。

（12）保存/撤回 Save/Recall ：用于存储和调取波形、图像、面板设置。

（13）实用程序 Utility ：进入文件工具菜单。可设置保存键、显示时间、语言、探头补偿和校准。

（14）自动设置 Autoset ：自动设置触发、水平刻度和垂直刻度。

（15）运行/停止 Run/Stop ：停止或继续捕获信号。

（16）单次 Single ：设置单次触发模式。

（17）默认 Default ：恢复初始设置。

（18）水平控制区域：用于改变光标位置、设置时基及缩放波形。

（19）水平位置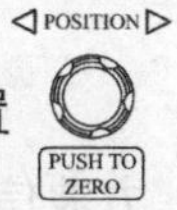

：用于调整波形的水平位置。

（20）水平刻度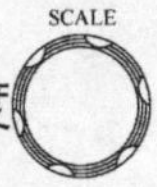

：用于改变水平刻度（TIME/DIV）。

（21）放大 Zoom ：用于放大波形，与水平位置旋钮结合使用。

（22）开始/暂停 ▶/II ：查看每一个搜索事件，也用于在放大模式下播放波形。

（23）搜索 Search ：进入搜索功能菜单，设置搜索类型、源和阈值。

（24）搜索方向 ← → ：方向键用于引导搜索事件。

（25）设置/清除 Set/Clear ：当使用搜索功能时，Set/Clear 键用于设置或清除感兴趣的点。

（26）垂直控制区域：用于设置电压基及缩放波形。

（27）垂直位置

：设置波形的垂直位置。

（28）通道菜单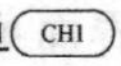：按 CH1 ~ CH4 键设置测量通道。

（29）垂直刻度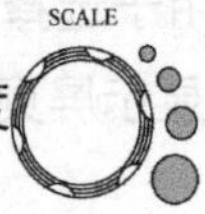：设置通道的垂直刻度，设置每格电压值。

（30）数学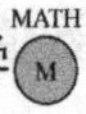：设置数学运算功能。

（31）参考：设置或移除参考波形。

（32）总线：设置并行和串行总线。

（33）触发控制区域：控制触发准位和选项。

（34）标准：设置触发准位。

（35）触发菜单：显示触发菜单。

（36）50%：触发准位设置为 50%。

（37）强制触发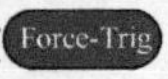：立即强制触发波形。

（38）外部触发：接收外部触发信号。

（39）双踪示波器面板下方系统功能区域介绍如下。

① 通道输入：CH1 ~ CH4 接收输入信号。

② USB 主机端口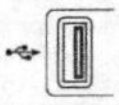：用于数据传输。

③ 地面终端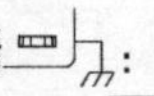：连接待测物的接地线。

④ 探针补偿端出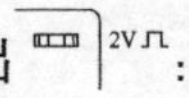：默认情况下，该端口输出 2Vp-p、方波信号、频率为 1kHz。

（40）电源钮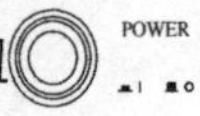：开机/关机。

2. 使用方法

GOS-1102B 数字双踪示波器的基本操作方法。

连接双踪示波器电源插头，插上电源后，继续下列步骤。

（1）按下电源开关，确认显示屏亮起。等待约 30s 后显示屏上应出现扫描轨迹。

（2）将被测信号经探头连接至输入端，然后按“Autoset”按键，双踪示波器会自动将触发、水平刻度及垂直刻度调节好，被测波形完整地显示在显示屏上。

（3）被测信号时间参数的读取有两种方法，一是将显示屏下方显示的水平刻度（TIME/DIV）和被测信号时间参量所占格数相乘，即可得到被测时间参量的参数大小；二是按光标按键 Cursor，调出竖直方向光标，也可进行时间参数的测量。

（4）被测信号电压参数的读取有两种方法，一是将显示屏下方显示的垂直刻度（VOLTAGE/DIV）和被测信号电压参量所占格数相乘，即可得到被测电压参量的参数大小；二是按光标按键 Cursor，调出水平方向光标，也可进行电压参数的测量。

三、GOS-620 型模拟双踪示波器使用说明

1. 面板介绍

GOS-620 型双踪示波器的前面板如图 A-2 所示，其各部分名称及功能如下。

（1）2Vp-p：此端子会输出一个 2Vp-p、1kHz 的方波，用以校正探头及检查垂直偏向的灵敏度。

（2）INTEN：轨迹及光点亮度控制钮。

（3）FOCUS：轨迹聚焦调整钮。

（4）TRACE ROTATION：使水平轨迹与刻度线成平行的调整钮。

（5）电源指示灯。

（6）POWER：电源主开关，按下此钮可接通电源，电源指示灯会亮。

（7）VOLTS/DIV：CH1 垂直衰减选择钮，以此钮选择 CH1 的输入信号衰减幅度，范围为 5mV/DIV ~ 5V/DIV，共 10 挡。

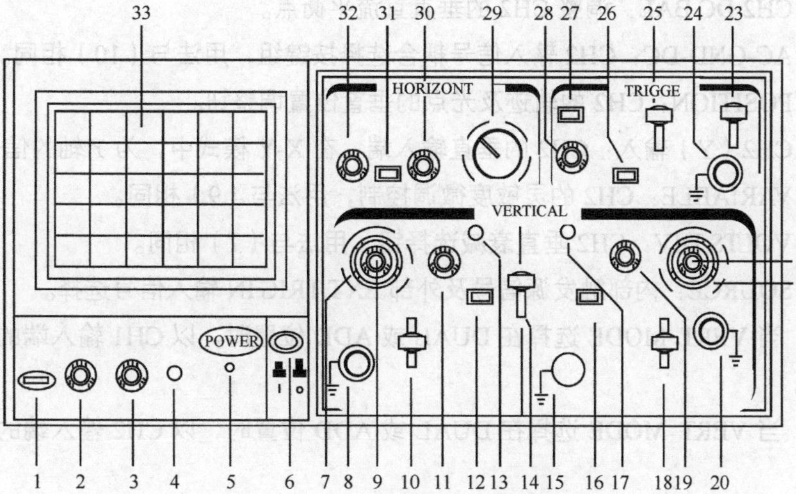

图 A-2　GOS-620 双踪示波器前面板

（8）CH1（X）输入：CH1 的垂直输入端；在 X-Y 模式中，为 *X* 轴的信号输入端。

（9）VARIBLE：CH1 的灵敏度微调控制，至少可调到挡位显示值的 1/2.5。在 CAL 位置时，灵敏度即为挡位显示值。拉出此旋钮，垂直放大器灵敏度增加 5 倍。

（10）AC-GND-DC：CH1 输入信号耦合方式选择按键组。

AC：垂直输入信号电容耦合，截止直流或极低频率信号输入。

GND：按下此键则隔离信号输入，并将垂直衰减器输入端接地，使之产生一个零电压参考信号。

DC：垂直输入信号直流耦合，交流与直流信号一同输入放大器。

（11）POSITION：CH1 的轨迹及光点的垂直位置调整钮。

（12）ALT/CHOP：当在双轨迹模式下，放开此键，则 CH1 和 CH2 以交替方式显示（一般用于快速水平扫描挡位）。当在双轨迹模式下，按下此键，则 CH1 和 CH2 以断续方式显示（一般用于慢速水平扫描挡位）。

（13）CH1 DC BAL：调整 CH1 的垂直直流平衡点。

（14）VERT MODE：垂直工作方式选择。

CH1：设定双踪示波器以 CH1 单一通道方式工作，只显示 CH1 的信号波形。

CH2：设定双踪示波器以 CH2 单一通道方式工作，只显示 CH2 的信号波形。

DUAL：设定双踪示波器以 CH1 及 CH2 双通道方式工作，此时可切换 ALT/CHOP 模式来同时显示两轨迹。

ADD：用以显示 CH1 及 CH2 的相加信号；当 CH2 INV 键按下时，则显示 CH1 及 CH2 的相减信号。

（15）GND：双踪示波器的接地端。

（16）CH2 INV：CH2 信号的反相键。

（17）CH2 DC BAL：调整 CH2 的垂直直流平衡点。

（18）AC-GND-DC：CH2 输入信号耦合选择按键组，用法与（10）相同。

（19）POSITION：CH2 的轨迹及光点的垂直位置调整钮。

（20）CH2（Y）输入：CH2 的垂直输入端；在 X-Y 模式中，为 *Y* 轴的信号输入端。

（21）VARIABLE：CH2 的灵敏度微调控制，用法与（9）相同。

（22）VOLTS/DIV：CH2 垂直衰减选择钮，用法与（7）相同。

（23）SOURCE：内部触发源信号及外部 EXT TRIG.IN 输入信号选择。

CH1：当 VERT MODE 选择在 DUAL 或 ADD 位置时，以 CH1 输入端的信号作为内部触发源。

CH2：当 VERT MODE 选择在 DUAL 或 ADD 位置时，以 CH2 输入端的信号作为内部触发源。

LINE：将 AC 电源线的交流电作为触发信号。

EXT：将 TRIG.IN 端输入的信号作为触发源。

（24）TRIG.IN：外部触发源输入端。

（25）TRIGGER MODE：触发模式选择开关。

AUTO：当没有触发信号或触发信号的频率小于 25Hz 时，扫描会自动产生。

NORM：当没有触发信号时，扫描将处于预备状态，显示屏上不会显示任何轨迹。本功能主要用于观察频率大于 25Hz 的信号。

TV-V：用于观测电视信号的垂直画面信号。

TV-H：用于观测电视信号的水平画面信号。

（26）SLOPE：触发斜率选择键。

+：凸起时为正斜率触发，当信号正向通过触发电平时进行触发。

–：压下时为负斜率触发，当信号负向通过触发电平时进行触发。

（27）TRIG.ALT：触发源交替设定键，当 VERT MODE 选择器（14）在 DUAL 或 ADD 位置，且 SOURCE 选择器（23）置于 CH1 或 CH2 位置时，按下此键，仪器即会自动设定 CH1 与 CH2 的输入信号以交替方式轮流作为内部触发信号源。

（28）LEVEL：触发电平调整钮，旋转此钮以同步波形，并设定该波形的起始点。将旋钮向“+”方向旋转，触发电平会向上移；将旋钮向“–”方向旋转，则触发电平向下移。

（29）TIME/DIV：扫描时间选择钮，扫描范围从 0.2μS/DIV 到 0.5S/DIV 共分 20 个挡位。

X-Y：设定为 X-Y 模式。

（30）SWP.VAR：扫描时间的可变控制钮，若按下 SWP.UNCAL 键，并旋转此控制钮，扫描时间可延长至少为指示数值的 2.5 倍；该键若未按下时，则指示数值将被校准。

（31）×10MAG：水平放大键，按下此键可将扫描放大 10 倍。

（32）POSITION：轨迹及光点的水平位置调整钮。

（33）FILTER：滤光镜片，可使波形易于观察。

2. 使用方法

（1）单一通道基本操作

本节以 CH1 为范例，介绍单一通道的基本操作方法。CH2 单通道的操作与其相同。

在插上电源插头前，请务必确认后面板上的电源电压选择器已调至适当的电压挡位。确认之后，请依照表 A-1 顺序设定各旋钮及按键。

表 A-1　CH1 的项目介绍及设定

项目		设定	项目		设定
POWER	6	OFF 位置	AC-GND-DC	10、18	GND
INTEN	2	中央位置	SOURCE	23	CH1
FOCUS	3	中央位置	SLOPE	26	凸起
VERT MODE	14	CH1	TRIG.ALT	27	凸起
ALT/CHOP	12	凸起	TRIGGER MODE	25	AUTO
CH2 INV	16	凸起	TIME/DIV	29	0.5s/DIV

续表

项目		设定	项目		设定
POSITION	11、19	中央位置	SWP.VAR	30	CAL 位置
VOLTS/DIV	7、22	0.5V/DIV	POSITION	32	中央位置
VARIABLE	9、21	CAL 位置	×10MAG	31	凸起

按照表 A-1 设定完成后，请插上电源插头，步骤如下。

① 按下电源开关并确认电源指示灯亮起。约 20s 后显示屏上应出现一条轨迹，若在 60s 后仍未有信号轨迹出现，请检查上列各项设定是否正确。

② 转动 INTEN 及 FOCUS 钮，调整信号轨迹、亮度及聚焦。

③ 调节 CH1 POSITION 钮及 TRACE ROTATION 钮，使信号轨迹与中央水平刻度线平行。

④ 将探头连接至 CH1 输入端，并将探头接上 2Vp-p 校准信号端。

⑤ 将 AC-GND-DC 置于 AC 位置。

⑥ 调整 FOCUS 钮，使信号轨迹清晰。

⑦ 欲观察细微部分，可调整 VOLTS/DIV 钮及 TIME/DIV 钮，双踪示波器显示更清晰的波形。

⑧ 调整 POSITION 32、11、19 钮，使信号波形与刻度线齐平，并使电压值及周期易于读取。

（2）双通道操作

双通道操作法与单通道大致相同，仅需按照下列说明修改。

① 将 VERT MODE 置于 DUAL 位置。此时，显示屏上应有两条扫描线，CH1 的轨迹为校准信号的方波；CH2 则因尚未连接信号，轨迹呈一条直线。

② 将探头连接至 CH2 输入端，并将探头接 2Vp-p 校准信号端子。

③ 将 AC-GND-DC 置于 AC 位置，调节 POSITION 11、19 钮，以使两条信号轨迹的位置易于观察。

当 ALT/CHOP 放开时（ALT 模式），则 CH1 和 CH2 的输入信号将以大约 250kHz 断续方式显示在显示屏上，一般使用于较快速的水平扫描挡位。

在使用双轨迹（DUAL 或 ADD）模式操作时，SOURCE 选择器（23）必须拨向 CH1 或 CH2 位置，选择其一作为触发源。若 CH1 及 CH2 的信号同步，二者的波形皆是稳定的；若不同步，则仅有选择器所设定的触发源的波形会稳定，此时，若按下 TRIG.ALT 键，则两种波形皆会同步稳定显示。（注：请勿在 CHOP 模式下按 TRIG.ALT 键，因为 TRIG.ALT 功能仅适用于 ALT 模式）

（3）ADD 操作

将 MODE 选择器置于 ADD 位置时，可显示 CH1 及 CH2 信号相加之和；按下 CH2 INV 键，则会显示 CH1 及 CH2 信号之差。为求得正确的计算结果，事前请先以 VAR 钮 9、21

将两个通道的精确度调成一致。任一通道的 POSITION 钮皆可调整波形的垂直位置，但为了维持垂直放大器的线性，最好将两个旋钮都置于中央位置。

（4）TIME/DIV 功能说明

此旋钮用于控制所要显示波形的周期数，假如所显示的波形太过于密集，则可将此旋钮转至较快速挡位扫描（顺时针旋转）；假如所显示的波形太扩张，或当输入脉冲信号时可能呈现两条直线，则可将此旋钮转至低速挡位（逆时针旋转），以显示完整的周期波形。

附录 B

信号发生器使用说明

一、概述

信号发生器是一种能够输出多种波形、多种频率及幅度信号的仪器，是电子线路实验中重要的输入设备。这里以固纬电子有限公司生产的 AFG2225 数字函数信号发生器和 EE1642B 模拟函数信号发生器为例说明使用方法。

二、AFG2225 数字函数信号发生器使用说明

1. 面板介绍

AFG2225 的前面板如图 B-1 所示，各部分名称及功能如下。

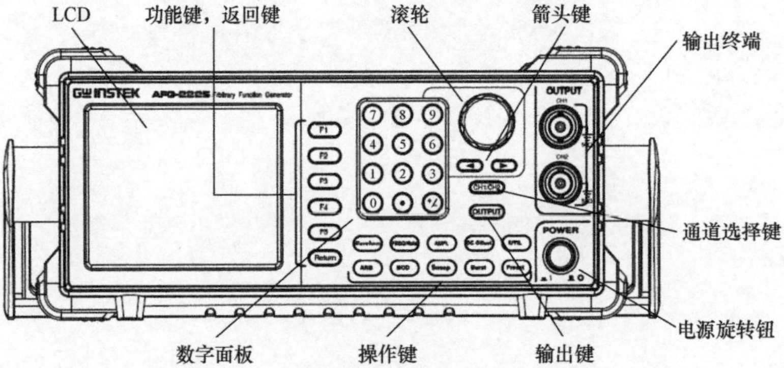

图 B-1　AFG2225 数字函数信号发生器面板

（1）LCD：TFT（薄膜晶体管）彩色液晶显示屏，分辨率为 320 像素 × 240 像素。

（2）功能键 F1 ~ F5：F1 位于 LCD 右侧，用于功能激活。

（3）返回键：Return 用于返回上一层菜单。

（4）操作键：Waveform 用于选择波形类型。

FREQ/Rate 用于设置频率或采样率。

AMP 用于设置波形幅值。

(DC Offset)设置直流偏置。

(UTIL)用于进入存储和调取选项、更新和查阅固件版本、进入校正选项、系统设置、耦合功能、计频计。

(ARB)用于设置任意波形参数。

(MOD)用于设置调制参数。

(Sweep)用于设置扫描参数。

(Burst)用于设置脉冲串选项参数。

（5）复位键：(Preset)用于返回预设状态。

（6）输出键：(Output)用于打开或关闭波形输出。

（7）通道切换：(CH1/CH2)用于切换两个通道。

（8）输出端口：

两个输出通道，输出电阻均为50Ω。

（9）电源按键：

用于开/关机。

（10）方向键：(◄)(►)当编辑参数时，可用于切换参数位数。

（11）可调旋钮：●用于改变参数值。

（12）数字键盘：(7)(8)(9) (4)(5)(6) (1)(2)(3) (0)(•)(+/-)用于直接键入参数值。

2. 使用方法

（1）将输出端模拟负载电阻改为高阻（HighZ）

如果在使用 AFG2225 时，不将输出端模拟负载电阻改为高阻，则输出波形幅度会比设置值高 1 倍。因此除非输出端带 50Ω 负载，否则要将输出端模拟负载电阻改为高阻。其设置需按照如图 B-2 所示黑色方框的顺序进行操作。

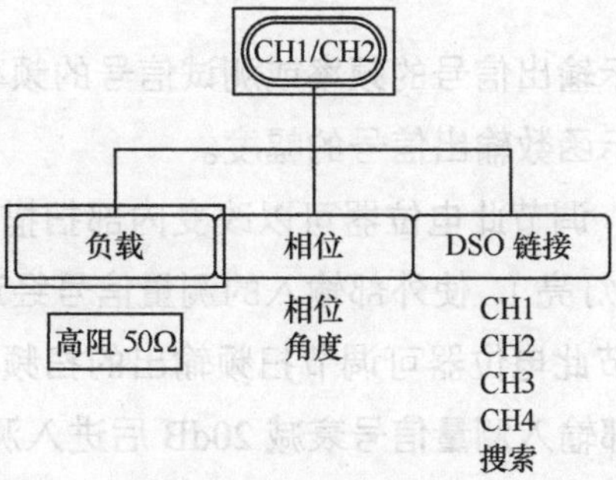

图 B-2　设置高阻模式

（2）输出各种波形

① 输出方波（3Vp-p、75%占空比、1kHz）步骤如下。

- 按 Waveform 键，选择 Square，按 F2 键。
- 依次按 F1、7、5、%、F2 键。
- 依次按 Freq/Rate、1、kHz、F4 键。
- 依次按 AMPL、3、VPP、F5 键。
- 按 Output 键。

② 输出正弦波（10Vp-p、100kHz）步骤如下。

- 按 Waveform 键，选择 Sine，按 F1 键。
- 依次按 Freq/Rate、1、0、0、kHz、F4 键。
- 依次按 AMPL、1、0、VPP、F5 键。
- 按 Output 键。

三、EE1642B 模拟函数信号发生器使用说明

1. 面板介绍

EE1642B 的前面板如图 B-3 所示，各部分名称及功能如下。

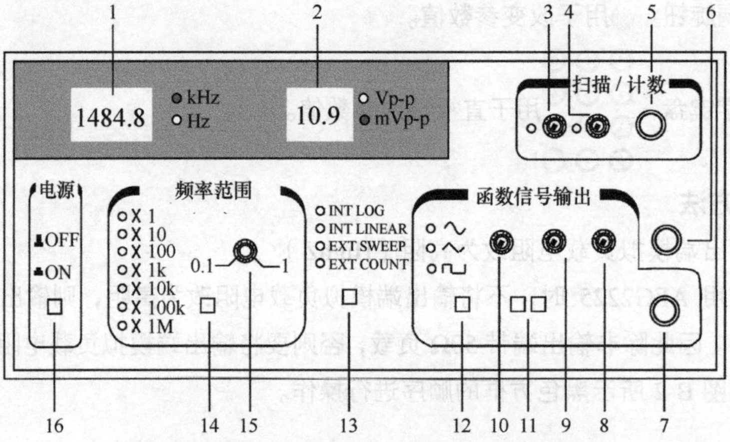

图 B-3　EE1642 型函数信号发生器/计数器前面板

① 频率显示窗口：显示输出信号的频率或测试信号的频率。

② 幅度显示窗口：显示函数输出信号的幅度。

③ 扫描速度调节旋钮：调节此电位器可以改变内部扫描的时间长短。在测试信号频率时，逆时针旋转到底（绿灯亮），使外部输入的测量信号经过低通开关进入测量系统。

④ 宽度调节旋钮：调节此电位器可调节扫频输出的扫频范围。在外测频时，逆时针旋转到底（绿灯亮），使外部输入测量信号衰减 20dB 后进入测量系统。

⑤ 外部输入插座：当“扫描/计数”按钮功能选择为外部扫描状态或外部测试功能时，外扫描控制信号或外部测试信号由此输入。

⑥ TTL 信号输出端：输出标准的 TTL 幅度（即 5V）的脉冲信号，其输出阻抗为 600Ω。

⑦ 函数信号输出端：输出多种波形受控的函数信号，输出幅度从 0~10 Vp-p 连续可调。

⑧ 函数信号输出幅度调节旋钮：用来调节输出信号的幅度。

⑨ 函数信号输出直流电平预置调节旋钮。

⑩ 输出波形对称性调节旋钮：调节此旋钮可改变输出信号的对称性。当电位器处在中心位置或“OFF”位置时，则输出对称信号。

⑪ 函数信号输出幅度衰减开关：“20dB”“40dB”键均不按下，输出信号不经衰减，直接输出插座口。分别按下“20dB”“40dB”，则可选择 20dB（10 倍）或 40dB（100 倍）衰减，全按下时为 60dB（1000 倍）衰减。

⑫ 函数输出波形选择按钮：可选择正弦波、三角波、脉冲波输出。

⑬“扫描/计数”按钮：可选择多种扫描方式和外部测频方式。

⑭ 频段选择按钮：每按一次此按钮可改变输出频率的一个频段。

⑮ 频率调节旋钮：调节此旋钮可改变输出信号频率。

⑯ 电源开关：此按键按下时，机内电源接通，整机工作；放开时电源关掉。

2. 使用方法

（1）主函数信号输出

① 用本机自带的测试电缆由前面板的函数信号输出端输出函数信号。

② 由频段选择按钮选定输出函数信号的频段，由频率调节旋钮调节输出信号频率，直到所需的工作频率值。

③ 由函数输出波形选择按钮选定输出函数的波形，分别获得正弦波、三角波、脉冲波。

④ 由函数信号输出幅度衰减开关和幅度调节旋钮选定和调节输出信号的幅度。

⑤ 由函数信号输出直流电平预置调节旋钮选定输出信号所携带的直流电平。

⑥ 输出波形对称性调节器可改变输出脉冲信号占空比，与此类似，输出波形为三角波或正弦波时可将三角波调为锯齿波，正弦波调节为正、负半周期分别为不同角频率的正弦波形。

（2）TTL 脉冲信号输出

① 除信号电平为标准 TTL 电平外，其重复频率、调控操作均与函数输出信号一致。

② 由前面板 TTL 信号输出端输出 TTL 脉冲信号。

（3）内扫描/扫频信号输出

① 使用“扫描/计数”按钮选定内扫描方式。

② 分别调节扫描宽度调节旋钮和扫描速度调节旋钮获得所需的扫描信号输出。

③ 函数输出端、TTL 脉冲输出端均输出相应的内扫描/扫频信号。

（4）外扫描/扫频信号输出

①“扫描/计数”按钮选定外扫描方式。

② 由外部输入插座输入相应的控制信号，即可得相应的受控扫描信号。

（5）外测频功能检查

① “扫描/计数”按钮选定外计数方式。

② 用本机提供的测试电缆，将函数信号引入外部输入插座，观察显示频率应与“内”测量时相同。

附录 C

直流稳压电源使用说明

一、概述

直流稳压电源是电子电路实验中一种常用的设备，SG1731SL 是双路输出直流稳压稳流电源，每路可输出直流 0～3A 稳恒电流或直流 0～30V 稳恒电压，二路之间可实现任意串联或并联，现对其使用方法加以说明。

二、面板介绍

SG1731SL 的前面板如图 C-1 所示，其各部分名称及作用如下。

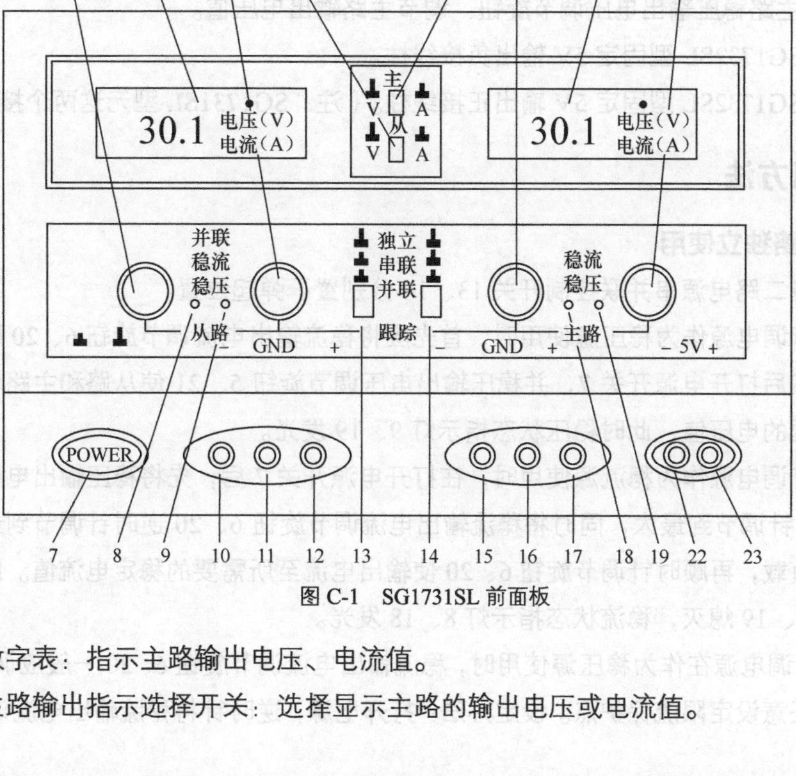

图 C-1 SG1731SL 前面板

（1）数字表：指示主路输出电压、电流值。

（2）主路输出指示选择开关：选择显示主路的输出电压或电流值。

（3）从路输出指示选择开关：选择显示从路的输出电压或电流值。

（4）数字表：指示从路输出电压、电流值。

（5）从路稳压输出电压调节旋钮：调节从路输出电压值。

（6）从路稳流输出电流调节旋钮：调节从路输出电流值（即限流保护点调节）。

（7）电源开关：当此电源开关被置于“ON”时（即开关被按下时），机器处于“开”状态，此时稳压指示灯亮。反之，机器处于“关”状态（即开关弹起时）。

（8）稳流状态或二路电源并联状态指示灯：当从路电源处于稳流工作状态时或二路电源处于并联状态时，此指示灯亮。

（9）从路稳压状态指示灯：当从路电源处于稳压工作状态时，此指示灯亮。

（10）从路直流输出负接线柱：输出电压的负极。此端口接负载的负端。

（11）机壳接地端。

（12）从路直流输出正接线柱：输出电压的正极。此端口接负载正端。

（13）二路电源串并联控制开关。

（14）二路电源串并联控制开关。

（15）主路直流输出负接线柱：输出电压的负极。此端口接负载负端。

（16）机壳接地端。

（17）主路直流输出正接线柱：输出电压的正极。此端口接负载正端。

（18）主路稳流状态指示灯：当主路电源处于稳流工作状态时，此指示灯亮。

（19）主路稳压状态指示灯：当主路电源处于稳压工作状态时，此指示灯亮。

（20）主路稳流输出电流调节旋钮：调节主路输出电流值（即限流保护点调节）。

（21）主路稳压输出电压调节旋钮：调节主路输出电压值。

（22）SG1732SL 型固定 5V 输出负接线柱。

（23）SG1732SL 型固定 5V 输出正接线柱。（注：SG1731SL 型无这两个接线柱）

三、使用方法

1. 双路独立使用

（1）将二路电源串并联控制开关 13、14 分别置于弹起位置。

（2）可调电源作为稳压源使用时，首先应将稳流输出电流调节旋钮 6、20 顺时针调节到最大，然后打开电源开关 7，并稳压输出电压调节旋钮 5、21 使从路和主路输出直流电压至所需要的电压值，此时稳压状态指示灯 9、19 发光。

（3）可调电源作为稳流源使用时，在打开电源开关 7 后，先将稳压输出电压调节旋钮 5、21 顺时针调节到最大，同时将稳流输出电流调节旋钮 6、20 逆时针调节到最小，然后接上所需负载，再顺时针调节旋钮 6、20 使输出电流至所需要的稳定电流值。此时稳压状态指示灯 9、19 熄灭，稳流状态指示灯 8、18 发光。

（4）可调电源在作为稳压源使用时，稳流输出电流调节旋钮 6、20 一般应调节至最大，但也可以任意设定限流保护点。设定办法：打开电源，逆时针将稳流输出电流调节旋钮 6、

20 调到最小，然后短接输出正、负端子，并顺时针调节稳流输出电流调节旋钮 6、20，使输出电流等于所要求的限流保护点的电流值，此时限流保护点就被设定好了。

2. 双路串联使用

（1）在两路电源串联前，应先检查主路和从路电源的负端是否有联接片与接地端相连，如有则应将其断开，否则在两路电源串联时将造成从路电源的短路。

（2）将二路电源串并联控制开关 13 按下，14 置于弹起位置，此时调节主路稳压输出电压调节旋钮 21，从路的输出电压严格跟踪主路输出电压，使输出电压（即端子 10 和 17 之间的电压）最高可达两路电压的额定值之和。

（3）在两路电源处于串联状态时，两路的输出电压由主路控制，但是两路的电流调节仍然是独立的。因此在两路串联时应注意稳流输出电流调节旋钮 6 的位置。如旋钮 6 在逆时针旋转到底的位置或从路输出电流超过限流保护点，此时从路的输出电压将不再跟踪主路的输出电压。所以一般两路电源串联时应将旋钮 6 顺时针旋到最大。

（4）在两路电源串联时，如有功率输出则应用与输出功率相对应的导线将主路的负端和从路的正端可靠短接。因为机器是通过一个开关短接的，所以当有功率输出时短接开关将通过输出电流。若无可靠短接，将影响整机的可靠性。

3. 双路并联使用

（1）将二路电源串并联控制开关 13、14 均按下，此时两路电源并联，调节稳压输出电压调节旋钮 21，两路输出电压一样。同时从路稳流指示灯 8 发光。

（2）在两路电源处于并联状态时，从路电源稳流输出电流调节旋钮 6 不起作用。当电源作稳流源使用时，只需调节主路的稳流输出电流调节旋钮 20，此时主、从路的输出电流均受其控制并相同，其输出电流最大可达二路输出电流之和。

（3）在两电源并联时，如有功率输出则应用输出功率相对应的导线分别将主、从电源的正端和正端、负端和负端可靠短接，以使负载接在两路输出的输出端子上。不然，如将负载只接在一路电源的输出端子上，将有可能造成两路电流的不平衡，同时也有可能造成串联开关的损坏。

附录 D

交流毫伏表使用说明

一、概述

交流毫伏表是专门用来测量交流信号电压有效值的高灵敏度测量工具，也是电子电路实验中常用的一种仪器。这里以固纬电子有限公司生产的 GVT-427B 型交流毫伏表为例说明其使用方法。

二、面板介绍

GVT-427B 的前面板如图 D-1 所示，其各部分名称及功能如下。

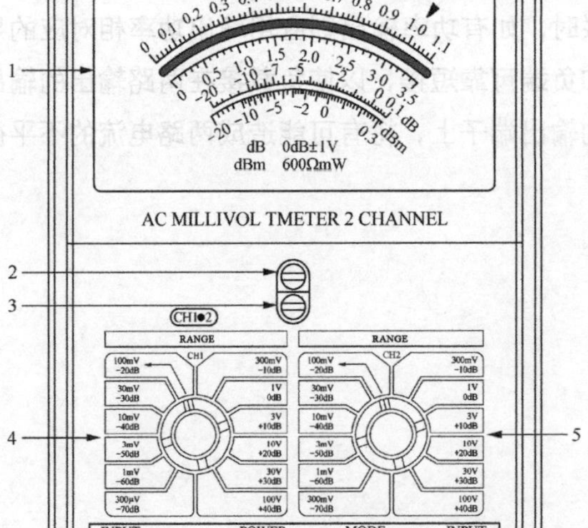

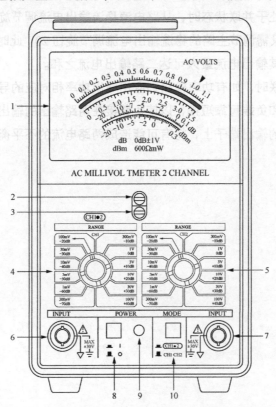

图 D-1 GVT-427B 交流毫伏表前面板

（1）表头：用来显示测量结果，黑指针指示左通道，红指针指示右通道。

（2）左通道机械调零钮：若关闭电源时左通道的指针（黑）不在零刻度处，可用螺丝刀调节此旋钮，平常工作时一般不用。

（3）右通道机械调零钮：用法同（2）。

（4）左通道输入量程旋钮：用来改变左通道的量程。旋钮上带有一道凹槽位置所指向的区域为当前选取的量程，图 D-2 所示的量程选择为 100mV。

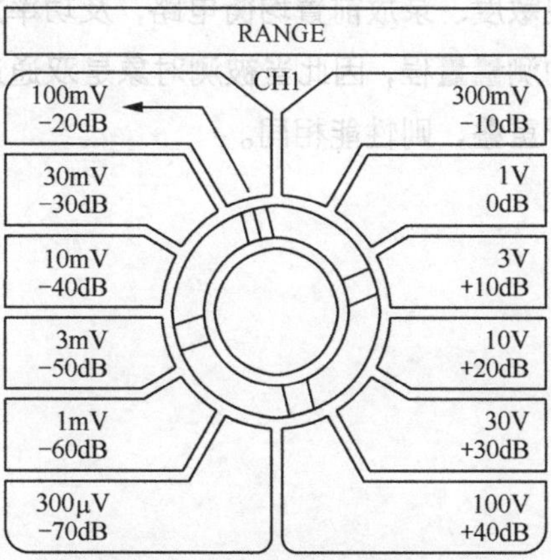

图 D-2　量程选择为 100mV

（5）右通道输入量程旋钮：用来改变右通道的量程。

（6）左通道输入插座：用来从左通道输入信号。

（7）右通道输入插座：用来从右通道输入信号。

（8）电源开关。

（9）电源指示灯

（10）同步/异步按键："CH1&2"为同步操作，"CH1 CH2"为异步操作。

三、使用方法

1. 开机前准备工作及注意事项

（1）放置测量仪器以水平放置为宜（即表面垂直于桌面放置）。

（2）接通电源前先看指针是否为"零"，否则需分别调节左、右通道机械调零钮。

（3）测量量程在不知被测电压大小的情况下应尽量放到高量程挡，以免输入过载。

（4）测量 30V 以上的电压时，需特别注意安全。

（5）所有交流电压中的直流分量不得大于 100V。

（6）接通电源及输入量程转换时，由于电容的放电过程，指针有所晃动，需待指针稳定后进行测量。

2. 测量方法

（1）GVT-427B 由 2 个电压表组成，因此在异步工作时其作为 2 个独立的电压表使用，一般异步工作状态在测量 2 个电压量程相差比较大的情况下使用，如测量放大器增益。被测放大器的输入信号及输出信号分别加至交流毫伏表两通道的输入端，选择合适的量程开关，通过表针指示的电压或 dB 值，直接读出（或算出）放大器的增益（或放大倍数）。

如：输入左通道指示为 10mV（–40dBV），输出右通道指示为 0.5V（–6dBV），即放大倍数为 0.5V/10mV=50 倍，直接读取 dB 值为–6dB–（–40dB）=34dB。

（2）当交流毫伏表处于同步工作状态时，可由一个通道量程控制旋钮同时控制 2 个通道的量程，这特别适用于测量立体声或二路相同放大特性的放大器，由于其测量灵敏度高，可测量立体声录放磁头的灵敏度、录放前置均衡电路，及功率放大电路等，由于两组电压表具有相同的性能及相同的测量量程，因此当被测对象是双通道时可直接读出 2 个被测声道的不平衡度。若 2 个指针重叠，则性能相同。

附录 E 数字万用表使用说明

一、概述

万用表是一种能够测量电流、电压、电阻、电感、电容、晶体管参数等值的多功能测量仪器，有数字万用表和指针万用表，这里介绍数字万用表 UT50 的使用方法。

二、面板介绍

FLUKE 17B+的面板如图 E-1 所示，面板的各部分名称及作用介绍如下。

（1）显示屏

显示屏面板如 E-2 所示，说明如表 E-1 所示。

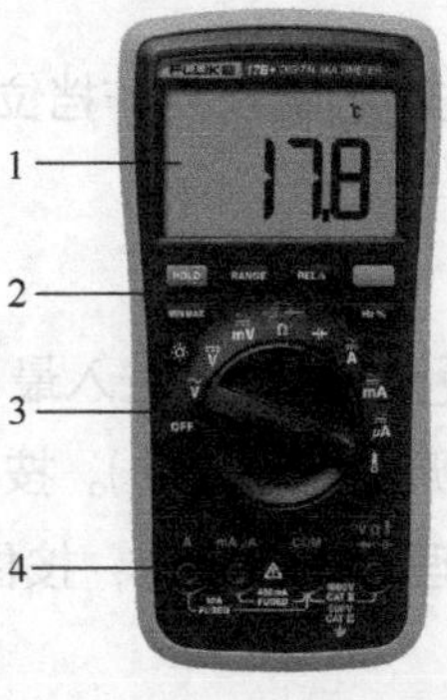

图 E-1　FLUKE 17B+数字万用表面板

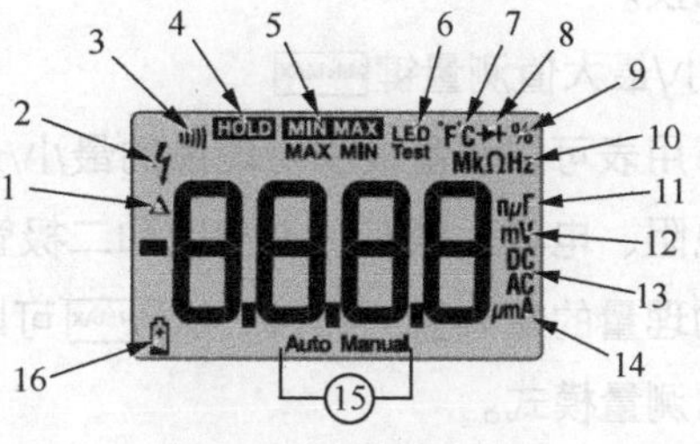

图 E-2　显示屏面板

表 E-1　显示屏说明

项目	说明	项目	说明
①	已启用相对测量（仅限 17B+）	⑨	已选中占空比（17B+/18B+）
②	高压	⑩	已选中电阻或频率（17B+/18B+）
③	已选中通断性	⑪	电容单位 F
④	已启用“显示保持”	⑫	mV 或 V

续表

项目	说明	项目	说明
⑤	已启用最小值或最大值模式（仅限 17B+）	⑬	直流或交流电压、电流
⑥	已启用 LED 测试（仅限 18B+）	⑭	μA、mA 或 A
⑦	已选中华式温标或摄氏温标（仅限 17B+）	⑮	已启用自动量程或手动量程
⑧	已选中二极管测试	⑯	电池电量不足，应立即更换

（2）功能区

① 数据保持键[HOLD]

如要保持当前读数，按[HOLD]键，再次按[HOLD]键则恢复正常操作。

② 手动及自动量程选择键[RANGE]

FLUKE 17B+数字万用表有手动量程和自动量程两个选项。其默认设置为自动量程，在自动量程模式下，万用表将为检测的测量值选择最佳量程。可以通过按[RANGE]键，切换自动量程模式为手动量程模式，每按一次[RANGE]键量程将会按增量递增。当量程达到最高时，仪表会回到最低量程。如要退出手动量程模式，则按住[RANGE]键 2s，万用表会返回自动量程模式。

③ 相对测量控制键[REL]

数字万用表允许对除频率、电阻、通断性、占空比和二极管测试之外的所有功能使用相对测量。

在测量数据时可以通过按[REL]键将测得的读数存储为参考值并激活相对测量模式。显示屏将显示参考值与后一读数之间的差，再次按下[REL]键将恢复正常操作。

④ 功能切换键[ ]

数字万用表的某些挡位有第二或第三功能，可以通过按[ ]键在同一挡位下的不同功能间进行切换。

⑤ 最小/最大值测量键[MIN MAX]

数字万用表可以测量被测物理量的最小/最大值。按下[MIN MAX]键即可进入最小/最大值模式（对除电阻、电容、频率、占空比和二极管测试之外的所有功能可用）。按一次[MIN MAX]键显示被测物理量的最大值；再按一次[MIN MAX]可以显示被测物理量的最小值；按住[MIN MAX]键 2s 将恢复正常测量模式。

（3）旋转开关

利用旋转开关，可以选取万用表当前测量的物理量。

（4）接线区

接线区如图 E-3 所示，说明如表 E-2 所示。

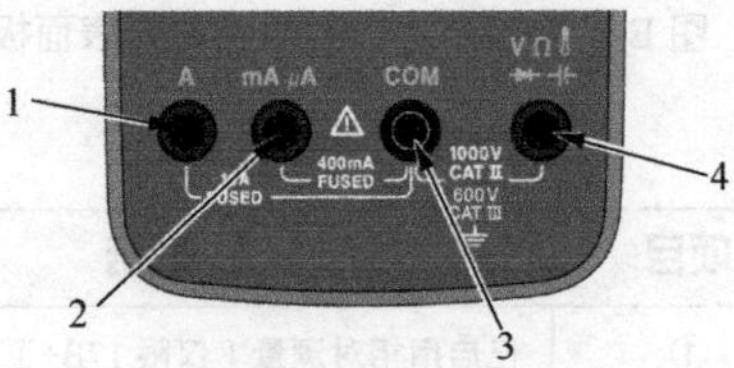

图 E-3　接线区

表 E-2　接线区说明

项目	说明
①	用于交流电和直流电电流测量（最高可测量 10A）和频率测量（17B+/18B+）的输入端子
②	用于交流电和直流电的μA 及 mA 测量（最高可测量 400mA）和频率测量（17B+/18B+）的输入端子
③	适用于所有测量的公共（返回）接线端
④	用于电压、电阻、通断性、二极管、电容、频率（17B+/18B+）、占空比（17B+/18B+）、温度（仅限 17B+）和 LED 测试（仅限 18B+）测量的输入端子

三、使用方法

1. 交流或直流电压测量

（1）将旋转开关转至$\tilde{\mathrm{V}}$，$\overline{\overline{\mathrm{V}}}$或$\overset{\approx}{\mathrm{mV}}$挡位处。

（2）按□键可以在交流和直流电压测量之间进行切换。

（3）将红色测试线连接 VΩ→|⊣⊢ 端子，黑色测试线连接 COM 端子。

（4）用探头接触电路上的正确测试点以测量电压，如图 E-4 所示。

（5）在显示屏上读取测得的电压值。

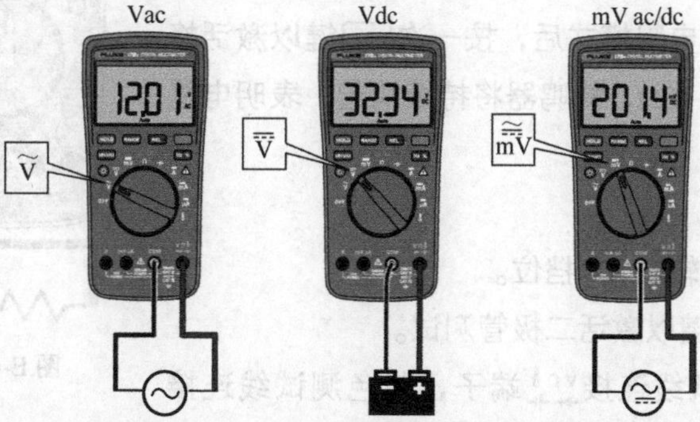

图 E-4　交流或直流电压测量方法示意

2. 交流或直流电流测量

（1）将旋转开关转至$\overset{\approx}{\mathrm{A}}$，$\overset{\approx}{\mathrm{mA}}$或$\overset{\approx}{\mu\mathrm{A}}$挡位。

（2）按□键可以在交流和直流电流测量之间进行切换。

（3）根据要测量的电流将红色测试线分别连接 A、mA 或 μA 端子，并将黑色测试线连接至 COM 端子，如图 E-5 所示。

（4）断开待测的电路，然后向测试导线衔接断口并施加信号。

（5）在显示屏上读取测得的电流值。

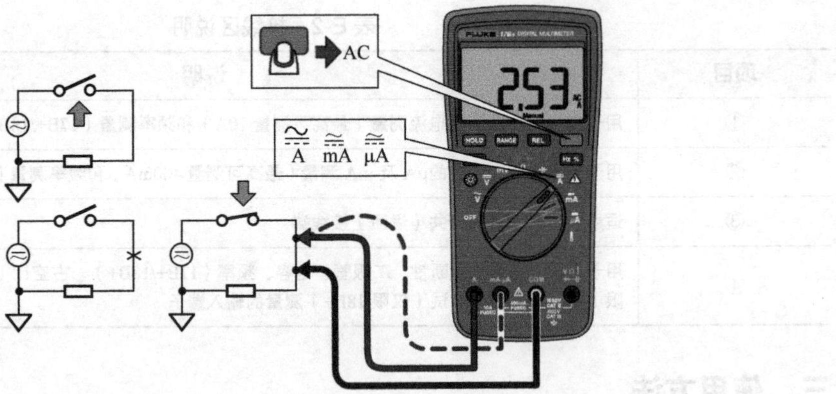

图 E-5　交流或直流电流测量方法示意

3. 电阻测量

（1）将旋转开关转至·)))Ω▶|挡位，确保待测电路的电源已切断。

（2）将红色测试线连接VΩ▶|⊣⊢端子，并将黑色测试线连接 COM 端子，如图 E-6 所示。

（3）将探针接触电路测试点，测量电阻。

（4）在显示屏上读取测得的电阻值。

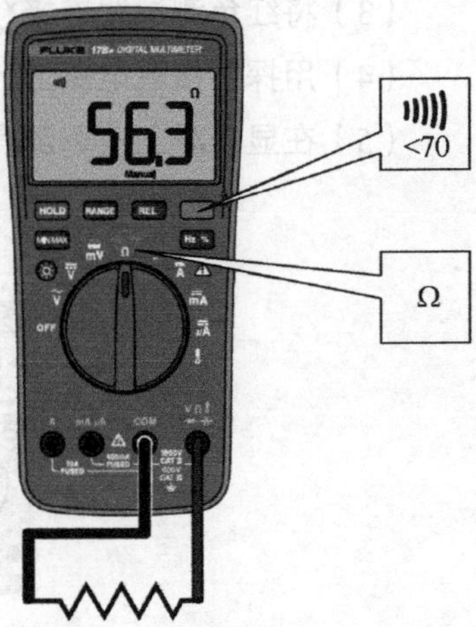

图 E-6　电阻测量方法示意

4. 通断性测量

数字万用表选择电阻模式后，按一次□键以激活蜂鸣器。如果电阻低于 70Ω，蜂鸣器将持续响起，表明电路短路。

5. 二极管测量

（1）将旋转开关转至·)))Ω▶|挡位。

（2）按两次□键以激活二极管测试。

（3）将红色测试线连接VΩ▶|⊣⊢端子，黑色测试线连接 COM 端子。

（4）将红色探针连接待测的二极管的阳极，黑色探针连接阴极。

（5）读取显示屏上的正向偏压。

（6）如果测试导线极性与二极管极性相反，万用表显示读数为OL，这可以用来区分二极管的阳极和阴极。

6. 电容测量

（1）将旋转开关转至⊣⊢挡位。

（2）将红色测试线连接VΩ▶|⊣⊢端子，黑色测试线连接 COM 端子。

（3）将探针接触电容器两端引脚。

（4）在数字万用表示数稳定后（最多 18s），在显示屏上读取测得的电容值。

7. 温度测量

（1）将旋转开关转至🌡挡位。

（2）将红色测试线连接VΩ端子，黑色测试线连接COM端子。

（3）将红色探针连接热电偶的阳极，黑色探针连接阴极。

（4）在显示屏上读取测得的温度值。

（5）按□键可以在摄氏温度和华氏温度之间切换。

8. 交流信号频率和占空比测量

（1）在测量交流电压或交流电流时，按下Hz %即可进入频率测量模式。

（2）在显示屏上读取测得的频率值。

（3）再按一次Hz %键即可进入占空比测量模式。

（4）在显示屏上读取测得的占空比。

9. 自动关机功能说明

若20min不操作数字万用表，则其自动关闭电源。

若要重新启动数字万用表，应首先将旋钮调回OFF位置，然后再将其调到所需挡位即可正常工作。

若要禁用自动关机功能，则在万用表开机时按住□键，直至屏幕上显示PoFF。

附录 F

常用集成电路引脚图

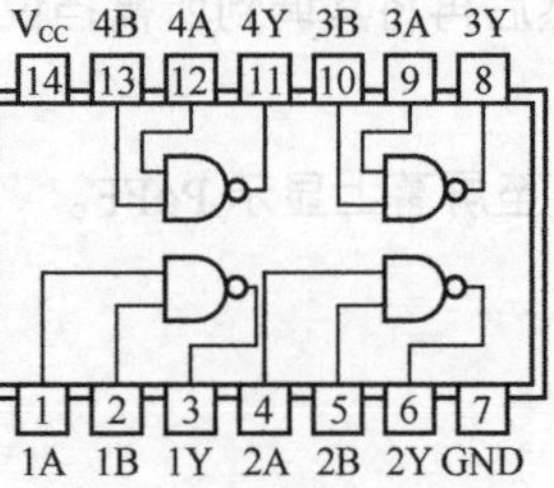

74LS00

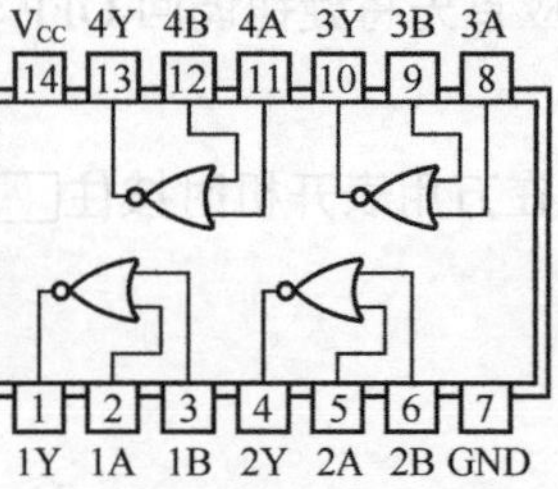

74LS02

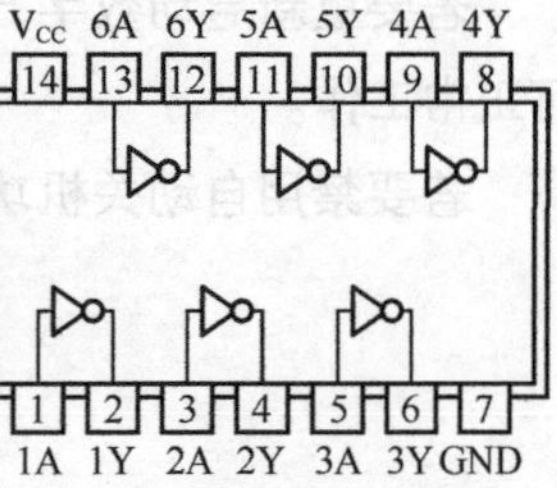

74LS04

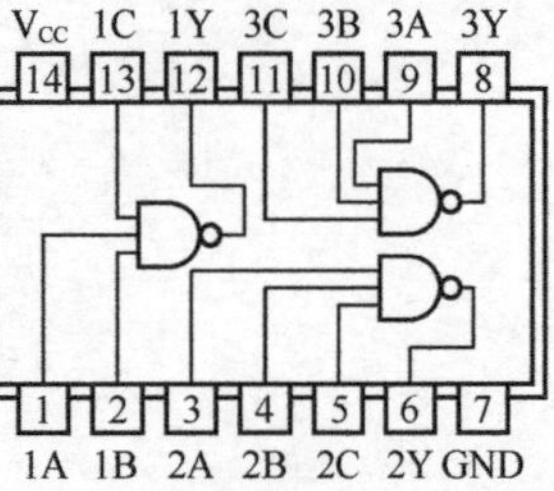

74LS10

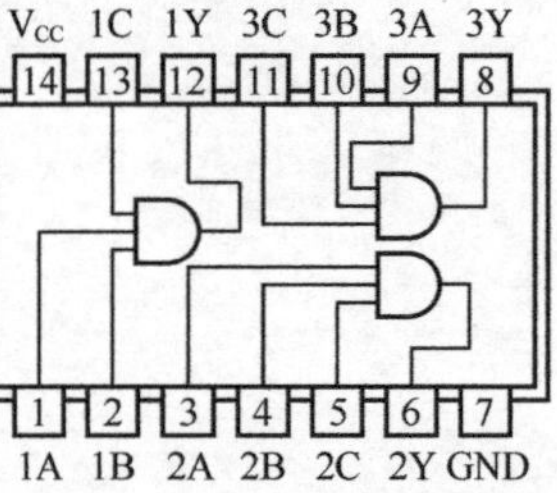

74LS11

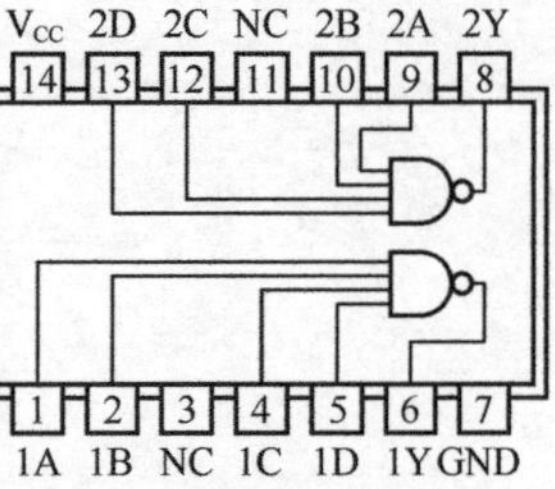

74LS20

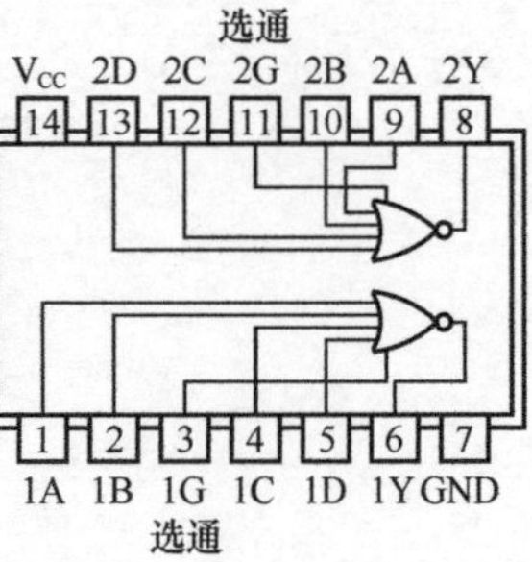

74LS25

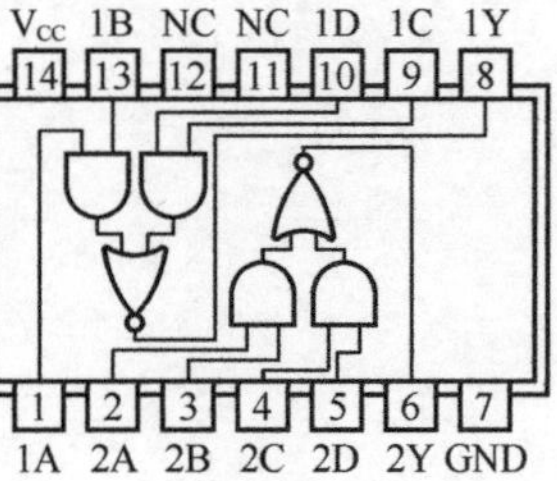

74LS51

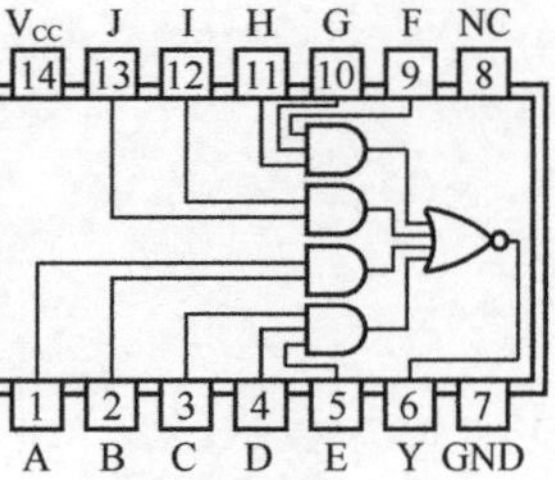

74LS54

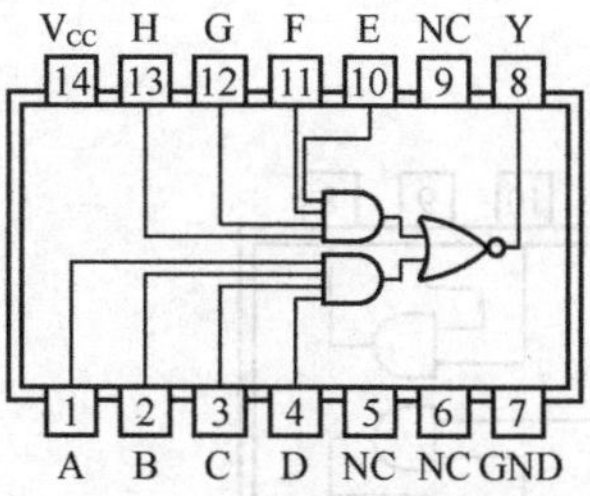

74LS55

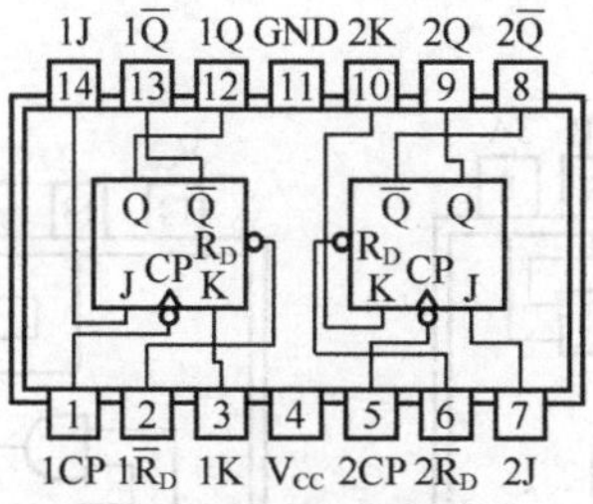

74LS73

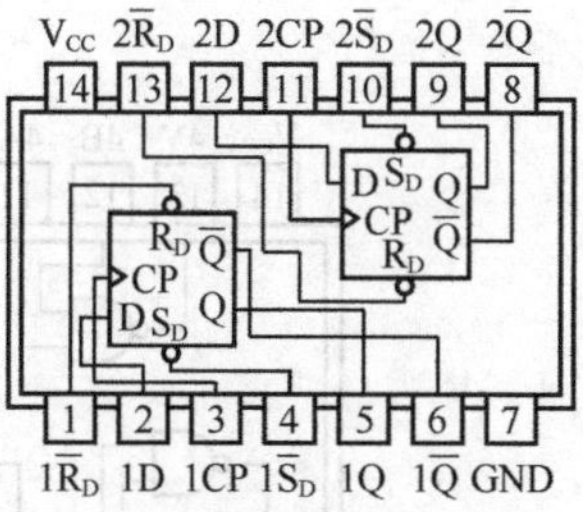

74LS74

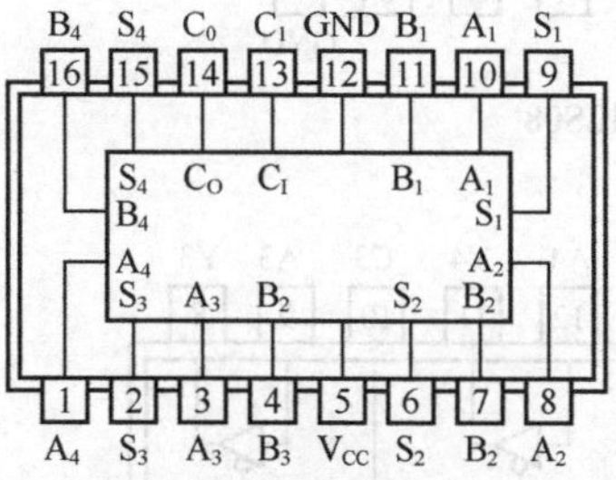

74LS83

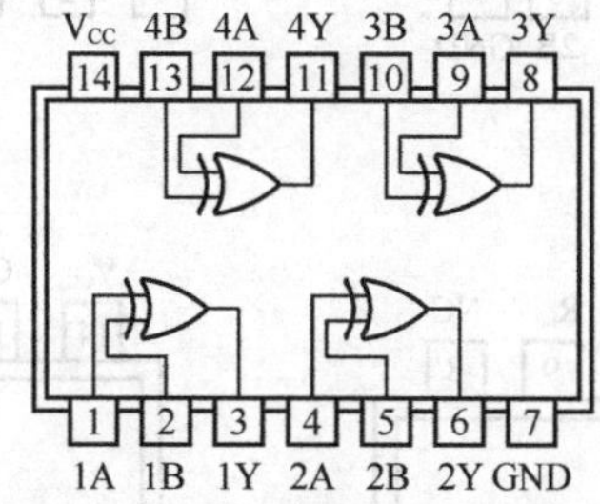

74LS86

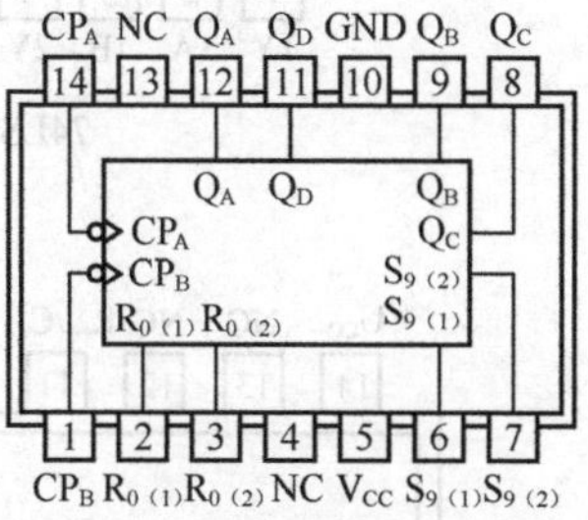

74LS90

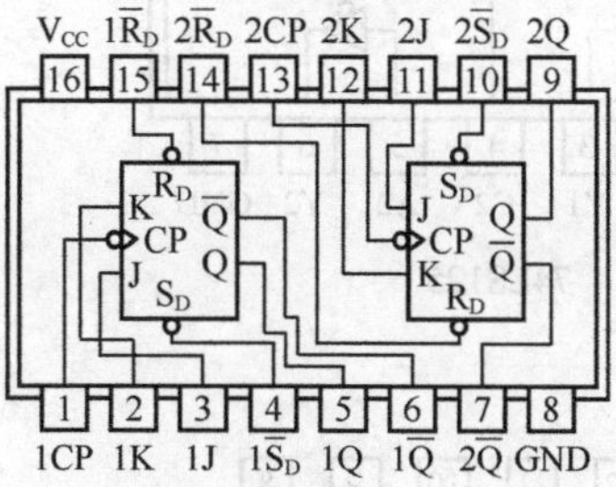

74LS112

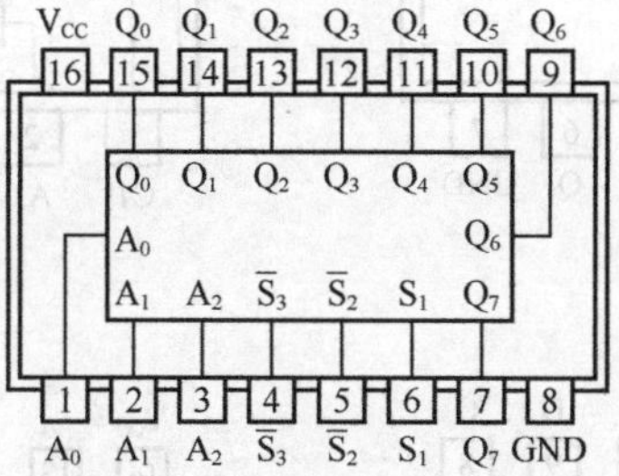

74LS138

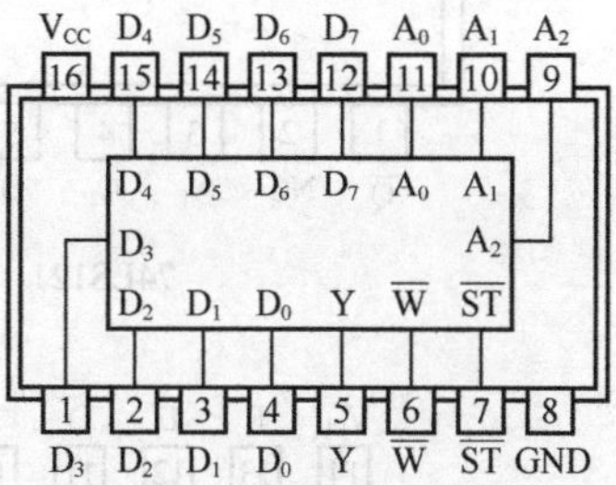

74LS151

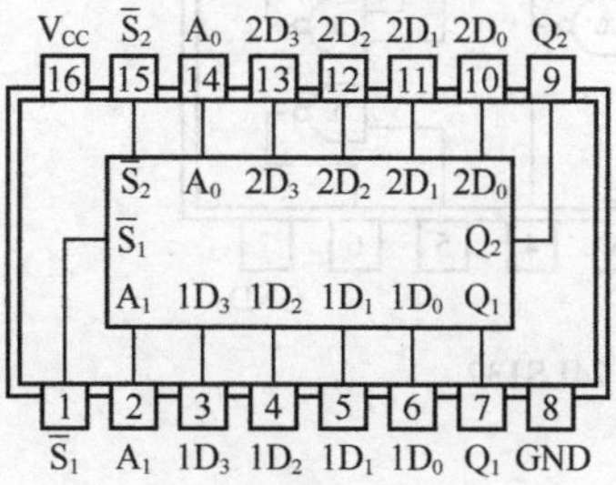

74LS153

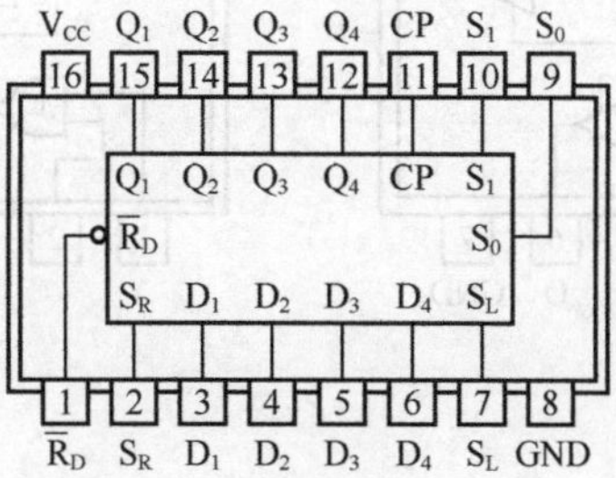

74LS194

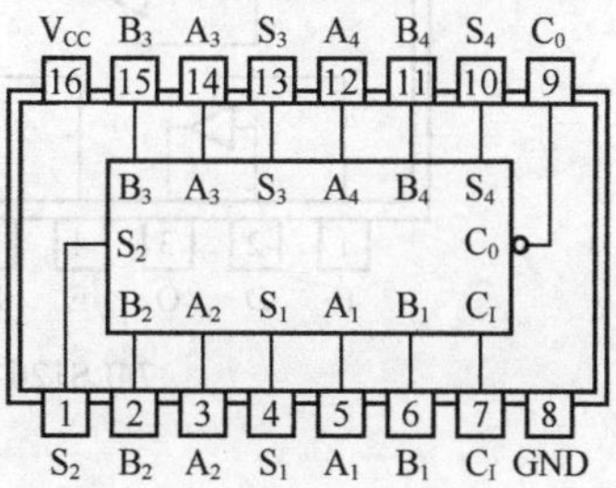

74LS283

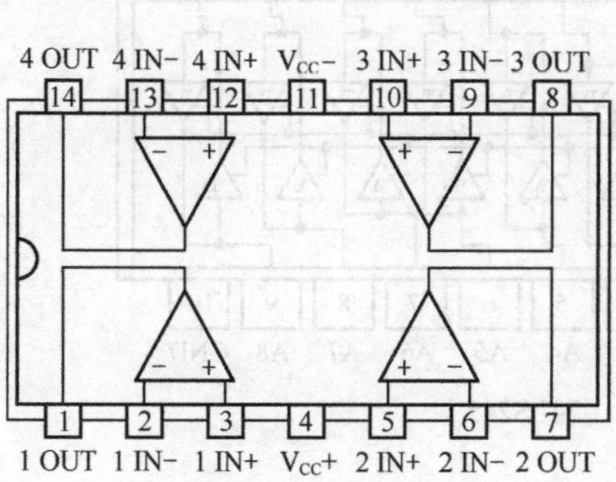

TL084

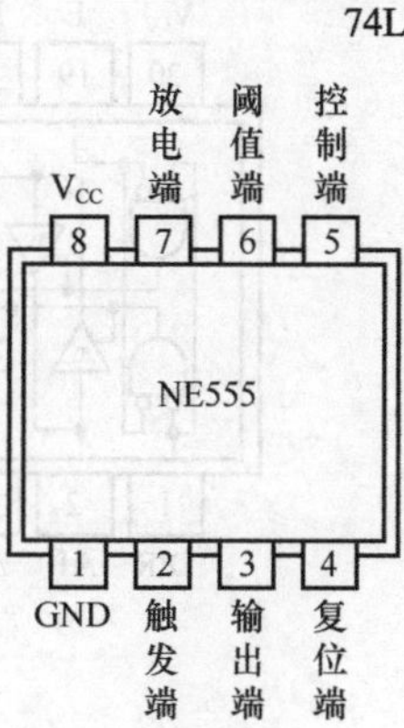

NE555

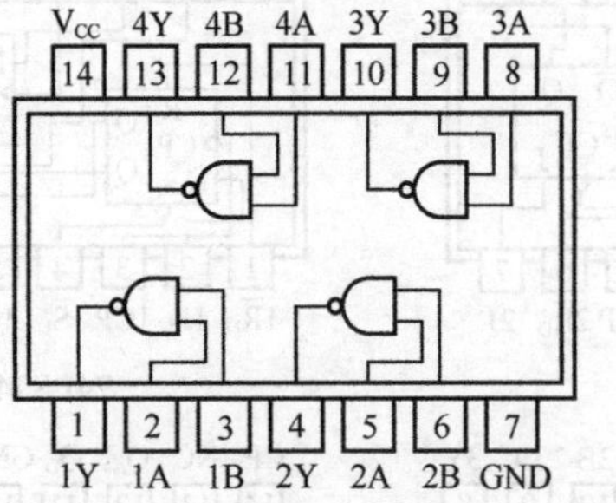

74LS01

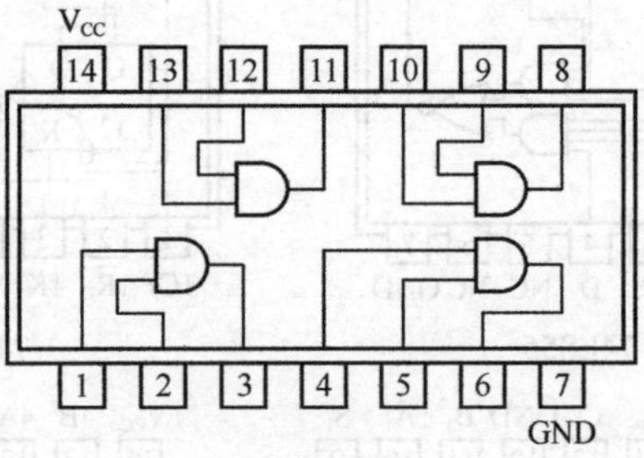

74LS08

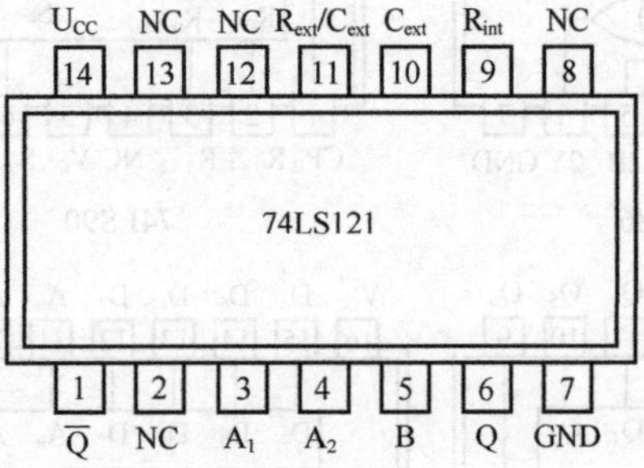

74LS121

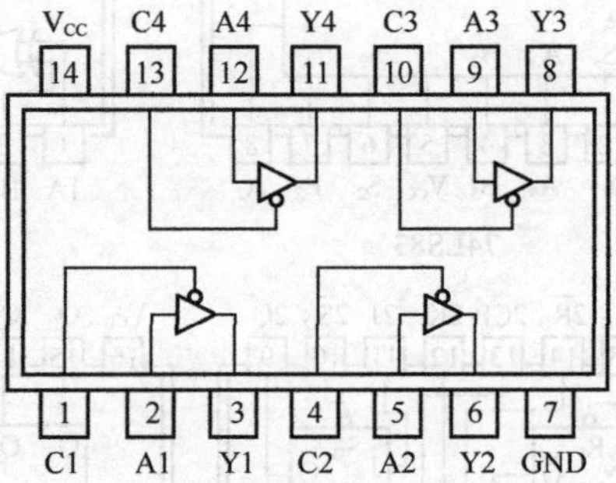

74LS125

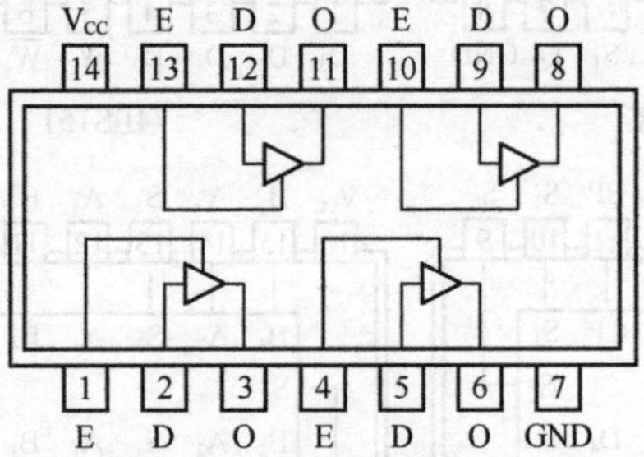

74LS126

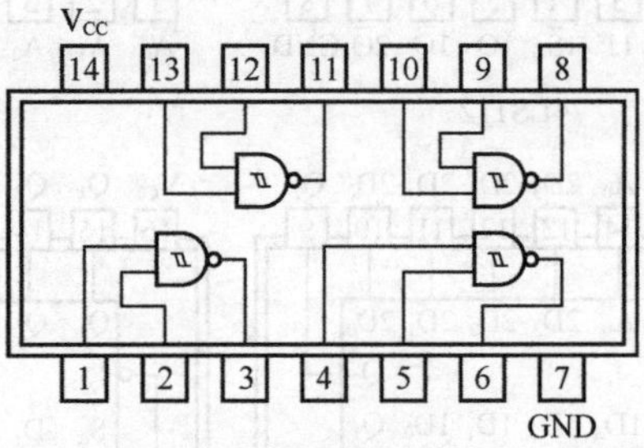

74LS132

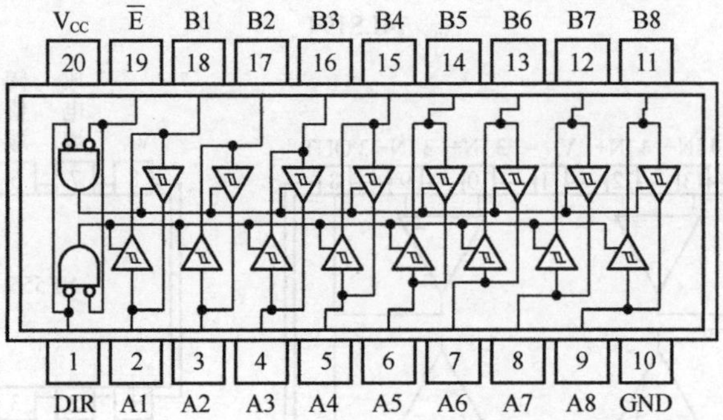

74LS245

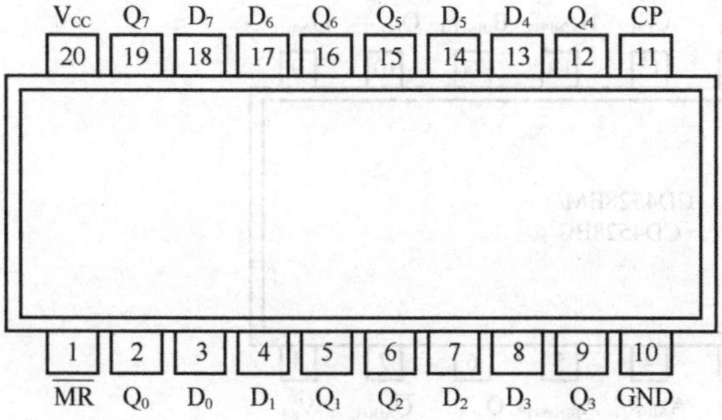

74LS273

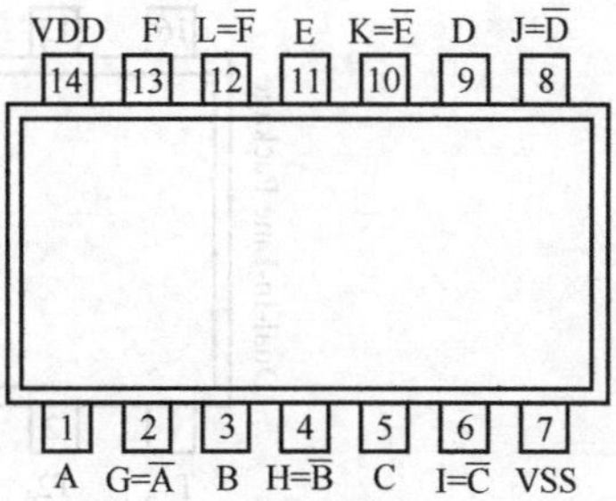

CD40106

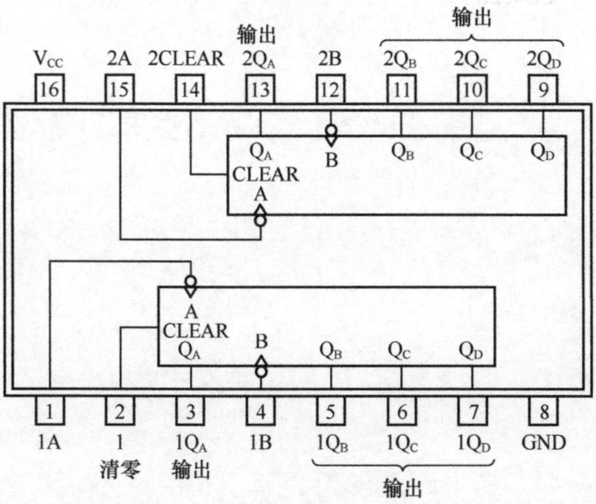

74LS390

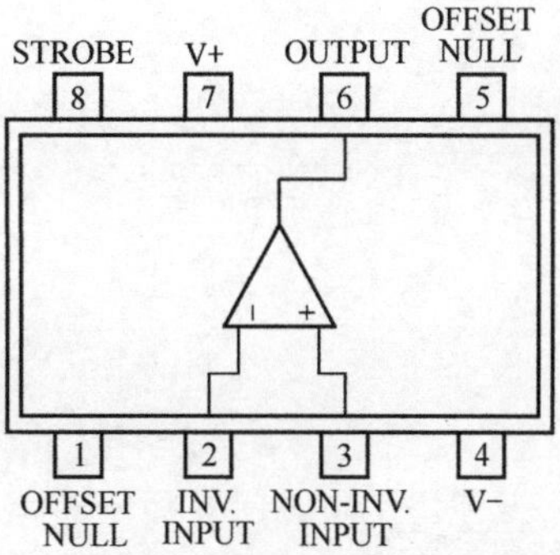

CA3140

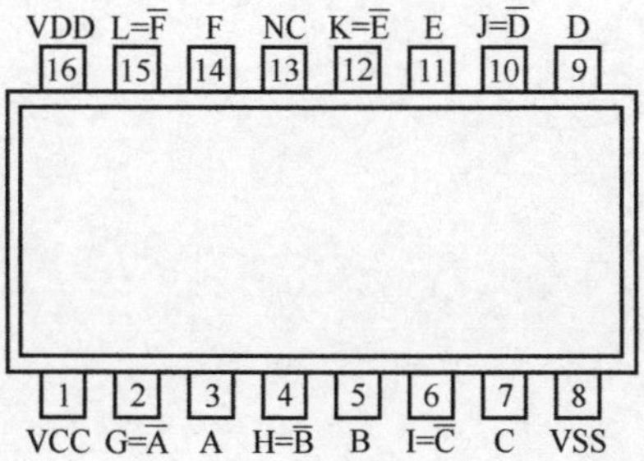

CD4009

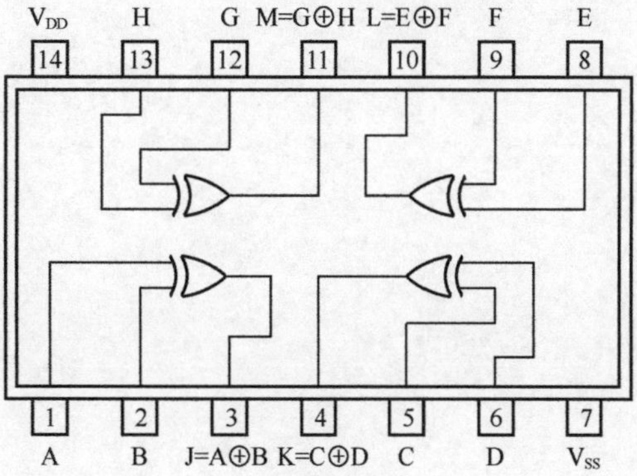

CD4070

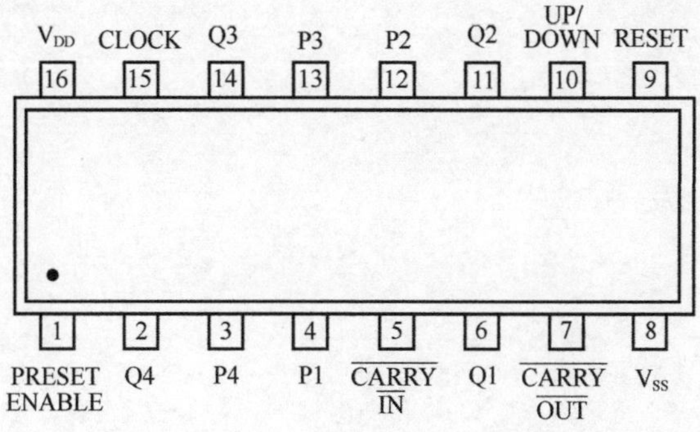

CD4516

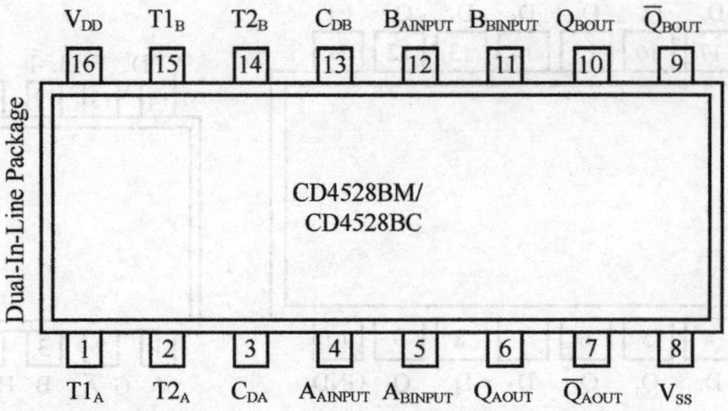
VDD
T1B
T2B
CDB
BAINPUT
BBINPUT
QBOUT
Q̄BOUT
16
15
14
13
12
11
10
9
Dual-In-Line Package
CD4528BM/
CD4528BC
1
2
3
4
5
6
7
8
T1A
T2A
CDA
AAINPUT
ABINPUT
QAOUT
Q̄AOUT
VSS

CD4528